U0163233

法式浪漫创意立裁

褶皱·缠绕·穿插·扭结·荷叶边

张海玲　著

东华大学出版社

·上海·

图书在版编目（CIP）数据

法式浪漫创意立裁 / 张海玲著. -- 上海：东华大
学出版社, 2022.5
　ISBN 978-7-5669-2046-1

　Ⅰ. ①法… Ⅱ. ①张… Ⅲ. ①女服-服装量裁 Ⅳ.
①TS941.717

　中国版本图书馆CIP数据核字(2022)第051696号

责任编辑：徐 建 红
书籍设计：东华时尚

出　　　　版：东华大学出版社（地址：上海市延安西路1882号　邮编：200051）
本 社 网 址：dhupress.dhu.edu.cn
天猫旗舰店：http://dhdx.tmall.com
销 售 中 心：021-62193056　62373056　62379558
印　　　　刷：上海盛通时代印刷有限公司
开　　　　本：889mm×1194mm　1/16
印　　　　张：9
字　　　　数：310千字
版　　　　次：2022年5月第1版
印　　　　次：2022年5月第1次
书　　　　号：ISBN 978-7-5669-2046-1
定　　　　价：78.00元

目 录

0 立裁基础

立裁需要准备的工具

人台

常规情况下应使用规格为 160/84A 的标准人台,其他规格还有二分之一、三分之一、四分之一等的小比例人台。推荐初学者买小比例人台,小人台对空间要求小,更适合做创意练习,也比较省布料。

人台手臂

人台手臂用于辅助立体裁剪,可以网购,也可以自己做。

裁布剪刀

裁布剪刀是专门用于裁剪布料的常用工具。建议选择品质较好的剪刀,在使用中可以免去很多麻烦。裁布剪刀要爱惜使用,不要用来拆快递,也不要用来剪纸,以防降低其裁布的性能。可以另外准备一把普通剪刀专门用来剪纸,一把小纱剪用来剪线等。

标记带

标记带有各种颜色和宽度,一面有黏性,用于立裁前期在人台上做造型标记。

珠针

立体裁剪的重要工具,分为带头和不带头两种。要选用针尖细的珠针,确保能够顺畅地穿过布料,不要有阻力。珠针的使用频率非常高,建议采购品质好的珠针。

针包

针包也叫针插,是一种半球体小型软包,用于临时存放珠针,其下方有橡筋,使用时可以套在手腕上。可以购买市场上现成的针包,也可以自己动手制作针包。

白坯布

白坯布是用于立体裁剪制作坯样的布料,可根据具体款式和需求选择,常规款式选用纯棉中厚布料,轻薄款式选用薄一些的布料。

尺子

建议使用有刻度的服装专用放码尺,有些服装放码尺上还印有量角器,使用更方便。另外还可以买 6 字尺,用来辅助初学者画曲线,比如领围、袖窿等处。

皮尺

用来量尺寸的软质尺。

记号笔

立裁常用的记号笔有水消笔、气消笔等,绘制之后过一段时间线迹会自动挥发消失,不会对布料表面产生影响。

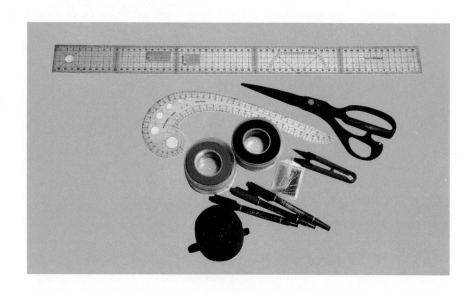

人台标记线的确定【160/84A】

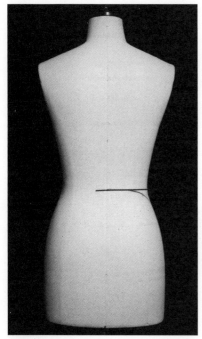

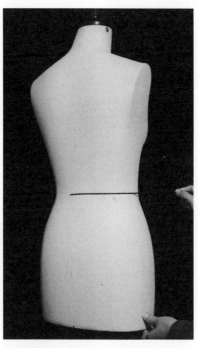

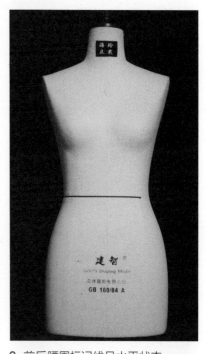

1. 确定腰围线位置。先贴右半身的标记线。

2. 标记线从后腰线开始贴。

3. 前后腰围标记线呈水平状态。

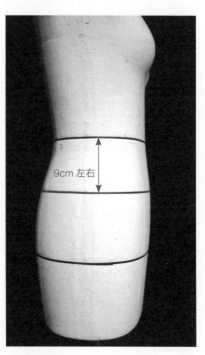

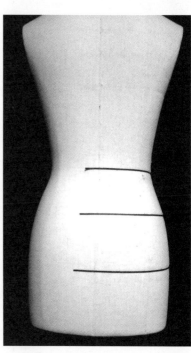

4. 臀围线位于腰围线以下18~20cm处。

5. 腹围线位于腰围线以下9cm左右处。

6. 腰围线、腹围线和臀围线均呈水平状态。

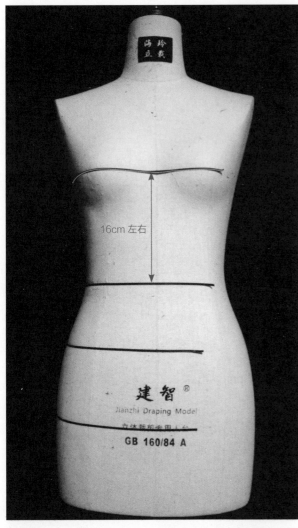

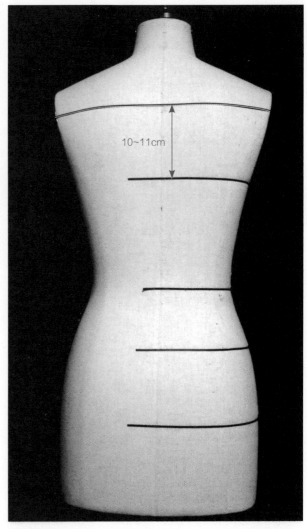

7. 胸高点通常在腰围线以上 16cm 左右处，过胸高点贴胸围标记线。

8. 在人台后胸围线以上 10~11cm 处贴后背宽标记线；在人台前胸围线以上 9~10cm 处贴前胸宽标记线。

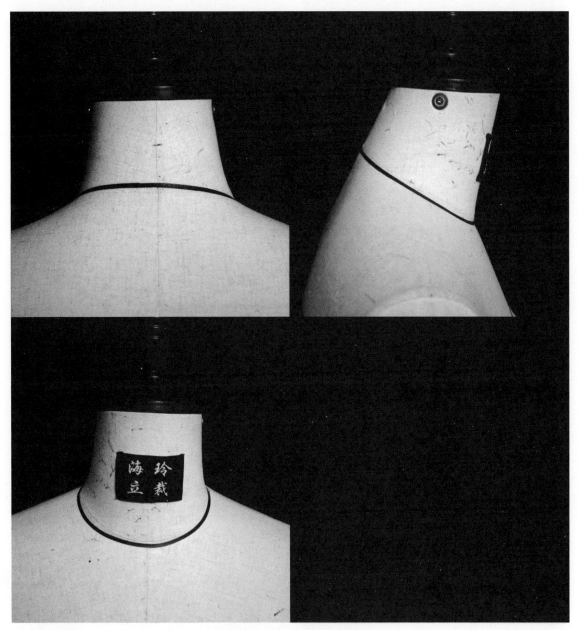

9. 标记领围线。从后领围线中点开始，绕领围线一周贴标记线。

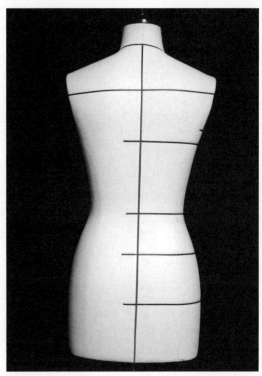

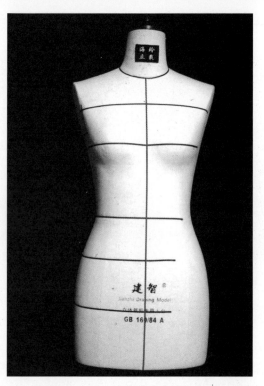

10. 标记后中心线。找到后背宽线的中点，过该点垂直向上贴标记线至后领围线，向下贴标记线，经过腰围线、腹围线、臀围线到人台底部。

11. 标记前中心线。找到前胸宽线的中点，过该点垂直向上贴标记线至前领围线，向下贴标记线，经过腰围线、腹围线、臀围线到人台底部。

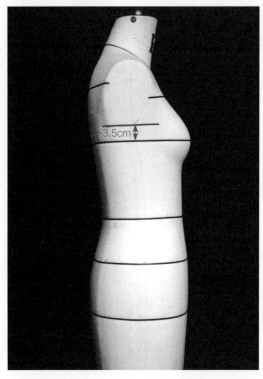

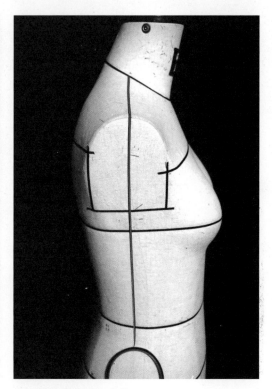

12. 在人台侧面，过腋下点（胸围线向上 3~3.5cm 处）标记一条平行于胸围线的水平线。

13. 标记侧缝线和肩线。

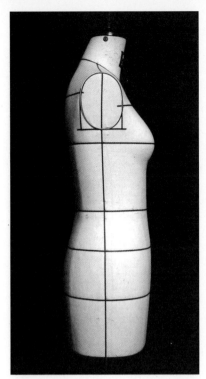

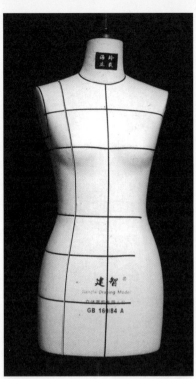

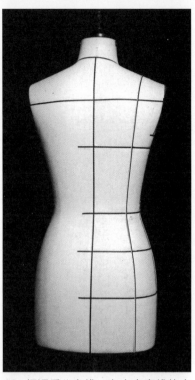

14. 标记袖窿弧线。

15. 标记前公主线。自小肩宽线的中点向下贴标记线，经过胸高点、腰围线、臀围线，直到人台底部。

16. 标记后公主线。自小肩宽线的中点向下贴标记线，经过背宽线、腰围线、臀围线，直到人台底部。

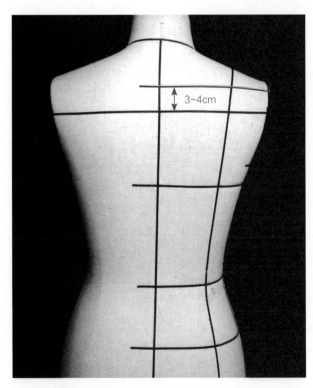

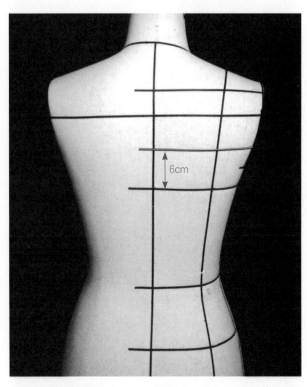

17. 标记肩胛骨位置。在后背宽线上方 3~4cm 处，贴一段水平标记线。

18. 标记下背宽线位置。在胸围线上方 6cm 处，贴一段水平标记线。最后，根据右半身的标记线镜像对称标记人台左半身的标记线。

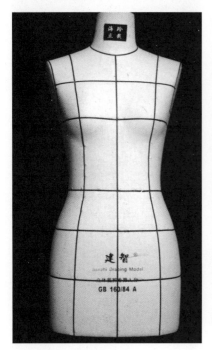

19. 人台前身效果。

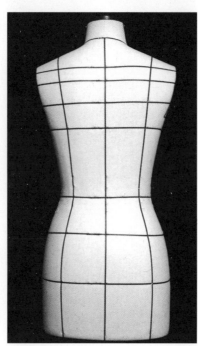

20. 人台后身效果。

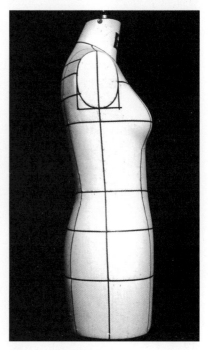

21. 人台侧身效果。

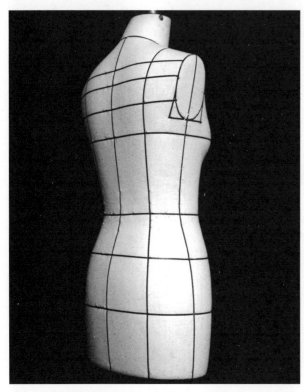

22. 人台后侧身效果。

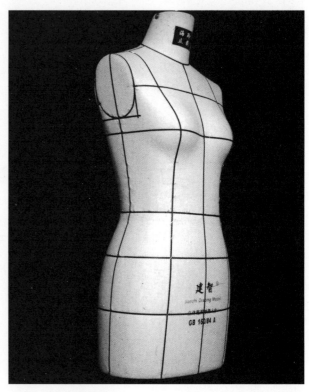

23. 人台前侧身效果。

上衣原型

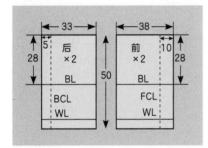

扫码付费
看操作过程视频

坯布准备

坯布准备图上的布料丝缕方向若无特别标注，全部以竖向为直丝缕方向，横向为横丝缕方向。

坯布准备图和样板图上标注"×2"，表示有2片，没有标注的，表示1片。

坯布准备图中的英文简写与中文对照：
BL—胸围线
WL—腰围线
HL—臀围线
FCL—前中线
BCL—后中线

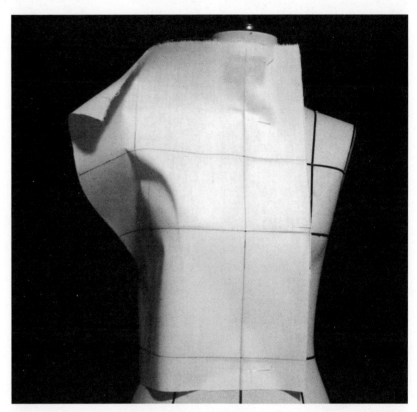

1. 将坯布的前中标记线与人台的前中标记线对齐，保持胸围线水平，在胸高点和领围线、腰围线处用珠针固定。

2. 修剪领口处的缝份，并打剪口抚平布纹，用珠针固定肩颈点处的布料。

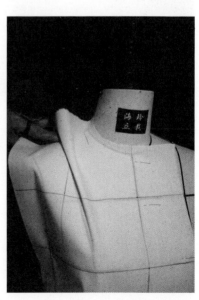

3. 向肩部旋转胸省，将省量放在肩部。

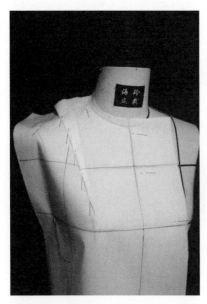

4. 用珠针别合胸省，将省量倒向肩点。

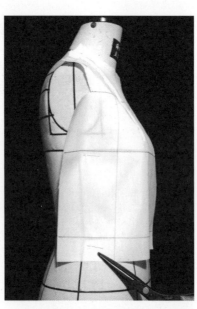

5. 在侧缝处，由胸围线向下抚平布纹，做收腰省量，腰围线处打剪口，注意保持布纹顺直。

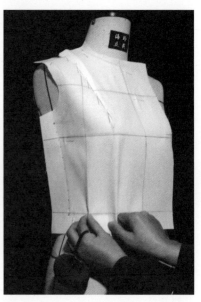

6. 分配省量，做两个省道。

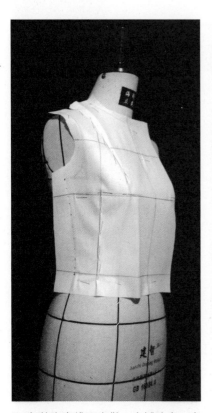

7. 在前胸宽线下方做一个辅助省，省尖在胸围线下 3cm 左右。

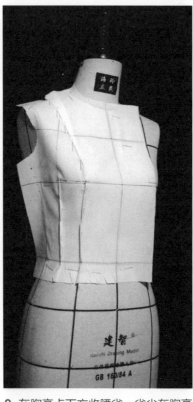

8. 在胸高点下方收腰省，省尖在胸高点下 1cm 左右。

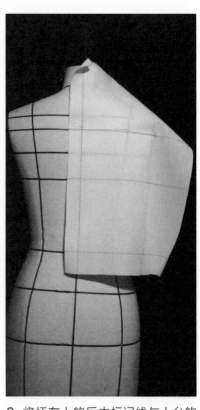

9. 将坯布上的后中标记线与人台的后中线对齐，在背宽线处用珠针固定。

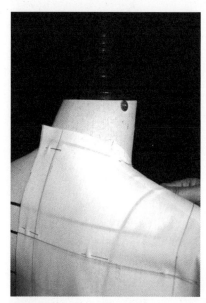 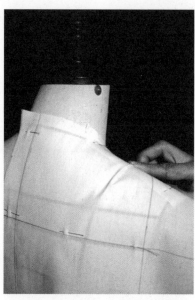 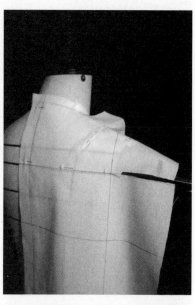

10. 向上抚平布纹至后领围线，在领围线处打剪口，在肩颈点处与前片别合固定。

11. 将布纹从后背宽处向肩点抚平，自然产生肩省，再将前后片肩部别合。

12. 在背宽线处打剪口，修剪袖窿处的多余布料。

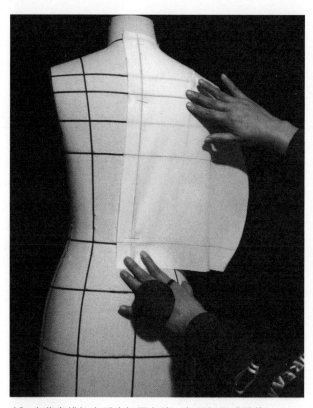 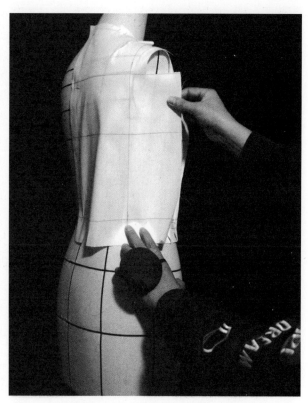

13. 由背宽线处向后中抚平布纹，在腰部形成劈势。

14. 保持背宽线以下的布料直丝缕垂直于地面。

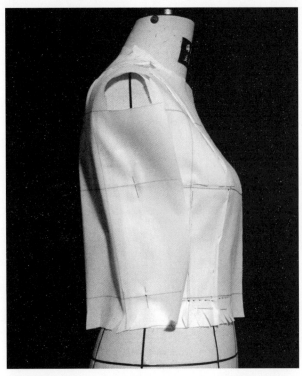

15. 在侧缝处，由胸围线向下抚平布纹，做侧缝收腰省，在腰节处打剪口，注意保持布纹的顺直。

16. 分配省量，做两个省。

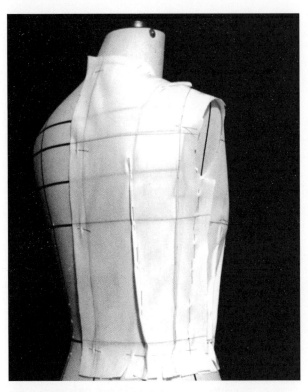

17. 确定省位置。在右侧后背宽线的中点下方做一个省，省尖在胸围线上 6cm 左右；在背宽下做一个辅助省，省尖在胸围线上 4~5cm。

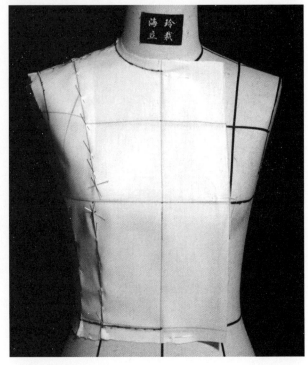

18. 别合省道。

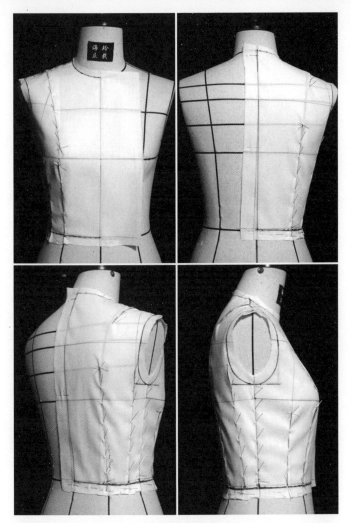

19. 衣片完成效果。

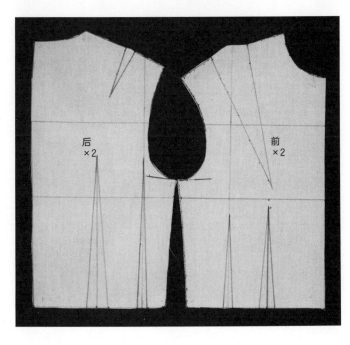

20. 最终样板【净版】。

1 Dior
光芒褶设计

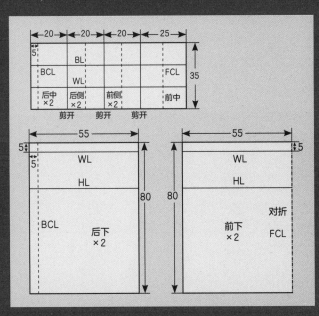

坏布准备（衬里）

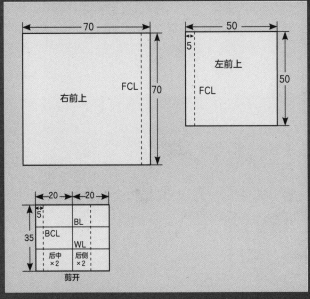

坏布准备（面布）

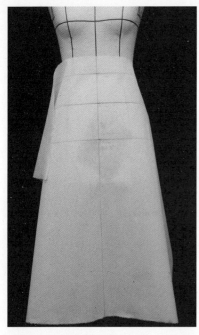 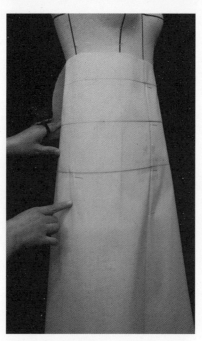 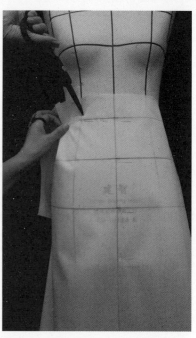

1. 将坯布的前中标记线与人台的前中线对齐且垂直于地面，腰围线、腹围线、臀围线保持水平。

2. 抚平侧缝处的布纹，使其自然形成侧缝的腰省量。

3. 将腰省量倒向侧缝处，在腰节处打剪口并抚平布纹。

 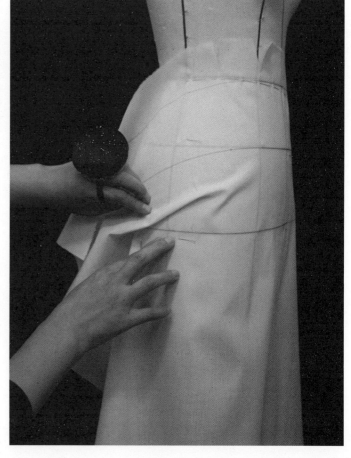

4. 继续向侧缝腹围线处旋转腰省量。

5. 继续由腹围线向臀围线处旋转腰省量。

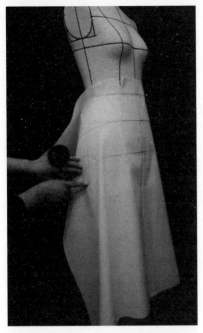

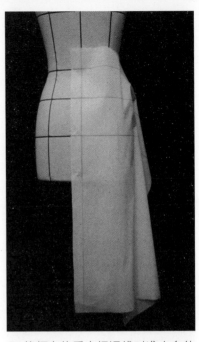

6. 将腰省量继续向下旋转到下摆，形成 A 形裙的效果。

7. 修剪侧缝处多余的布料。

8. 将坯布的后中标记线对准人台的后中线，腰围线、腹围线和臀围线保持水平。

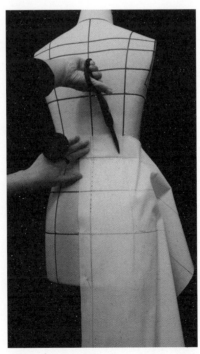

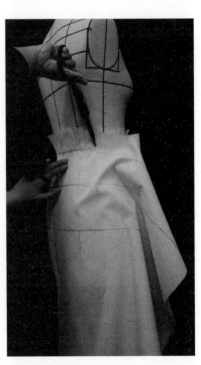

9. 将后中处的布纹余量向上抚平，使其形成劈势。

10. 将形成的腰省量布纹向侧缝旋转。

11. 腰节处打剪口，抚平布纹。

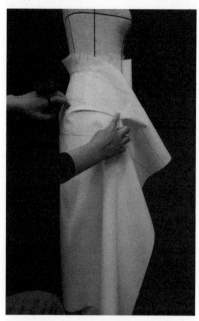

12. 将所有省量向下旋转至臀围线处。

13. 继续旋转腰省量至下摆，即形成A裙效果。

14. 参考地面修正裙摆，使其保持水平，点影连线并画顺线条，形成裙样板。

15. 根据裙前身的右片完成左片，使裙身左右对称。

16. 根据裙后身的右片完成左片，使裙身左右对称。

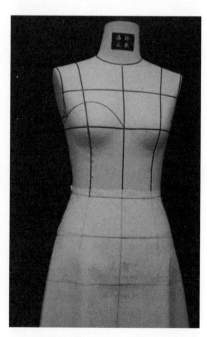

17. 用标记带在人台上贴出抹胸造型线及分割线。

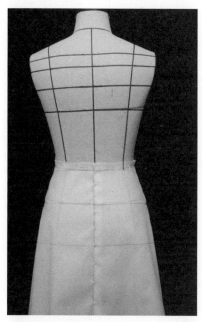

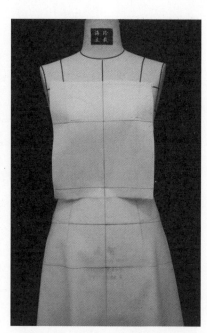

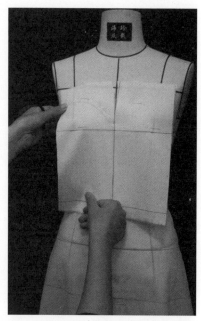

18. 用标记带在人台上贴出抹胸后背造型线及分割线。

19. 将坯布的前中标记线与人台的前中线对齐，胸围线和腰围线保持水平。

20. 在坯布前中线处打剪口，抚平上口的布纹，将余量向侧缝处推平。

21. 根据造型线及分割线点影。

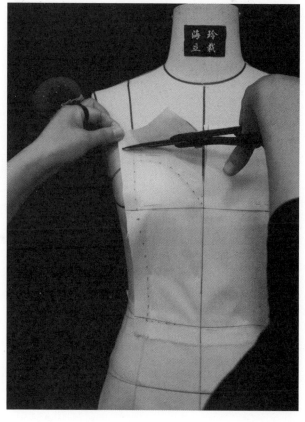

22. 修剪去多余布料。

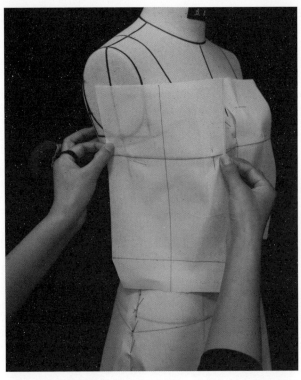

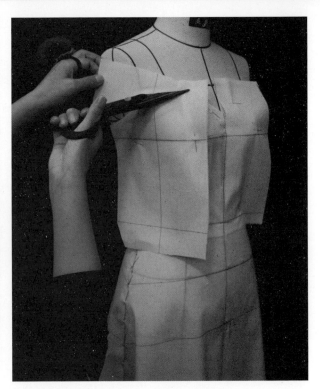

23. 使侧片处的直丝缕垂直于地面,并确保坯布的胸围标记线与人台的胸围线对齐。

24. 将胸省量转至分割线,修剪多余布料。

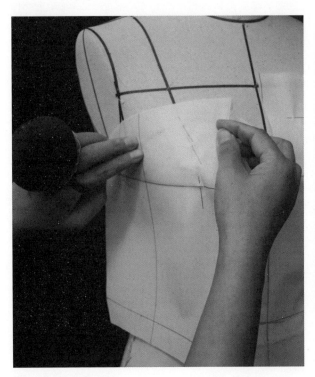

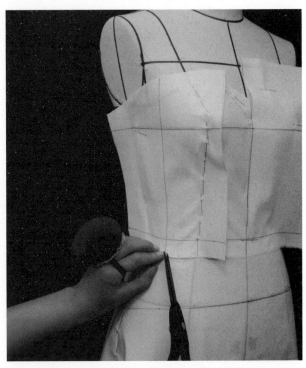

25. 根据分割线别合。

26. 在腰节处固定直丝缕,打剪口,别合分割线,注意腰节处尽量合体。

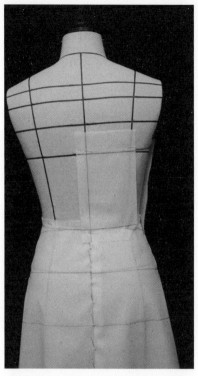

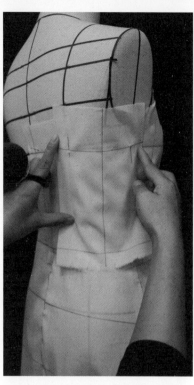

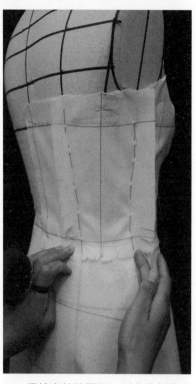

27. 将坯布的后中标记线与人台的后中线对齐。在分割线上点影，修剪多余布料。

28. 使侧片处的直丝缕垂直于地面。

29. 保持直丝缕平顺，别合分割线造型，注意腰节处尽量合体。

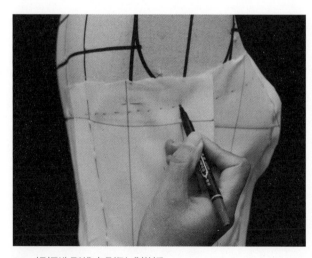

30. 根据造型线点影形成样板。

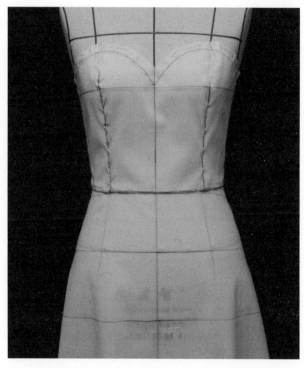

31. 别净缝份，完成前身和后身衬里，根据衣身的右片完成左片，使衣身左右对称。至此，衬里的立裁完成了。

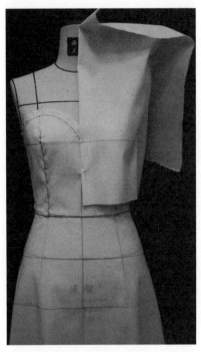

32. 接下来开始面布的立裁。对齐左上坯布与前身衬里的中心线，使坯布的胸围线保持水平。

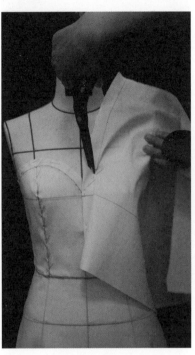

33. 在设计的褶位处用珠针固定，然后向下旋转追加一个褶。

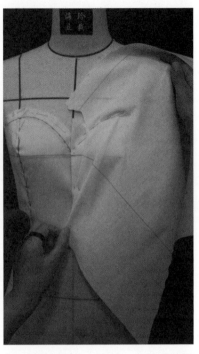

34. 继续抚平上口布纹，在设计的褶位处用珠针固定，再向下旋转追加第二个褶。

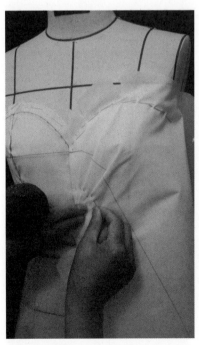

35. 将胸省向下旋转到前中线，做出第三个褶。

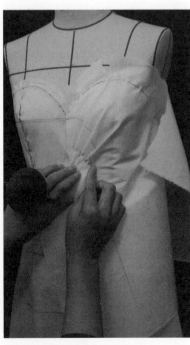

36. 继续将胸腰省转向前中线，做出第四个褶。

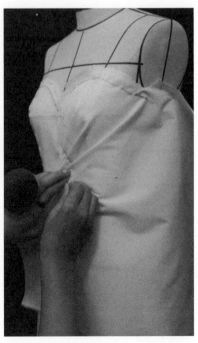

37. 继续抚平上口布纹，将余量推至侧缝，在设计的褶位处用珠针固定，打剪口，再追加第五个褶。

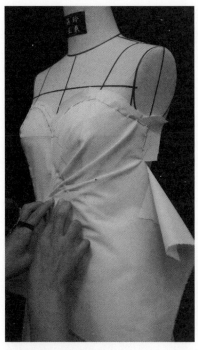

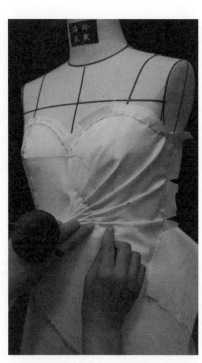

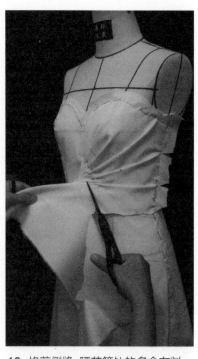

38. 继续抚平侧缝处的布纹，在设计的褶位固定，打剪口，追加第六个褶。

39. 继续抚平侧缝处的布纹，做出第七个褶。

40. 修剪侧缝、腰节等处的多余布料。

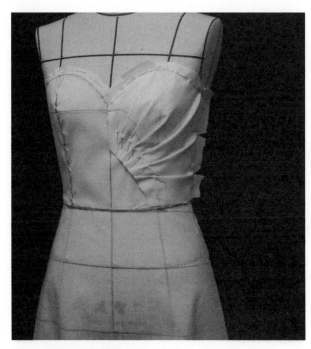

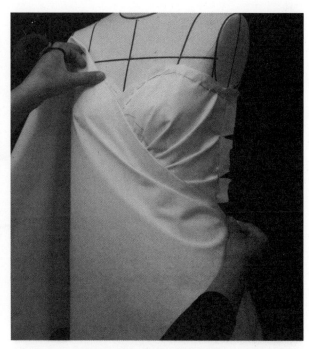

41. 左衣身完成效果。

42. 将右上坯布的直丝缕顺着褶的方向倾斜，放平顺。

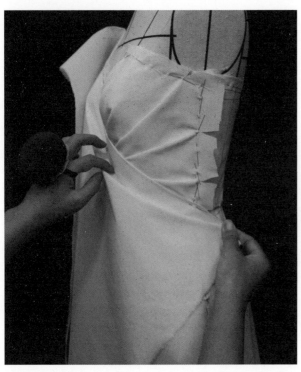

43. 从前中线向上口抚平布纹，并以珠针固定，做曲线设计造型。

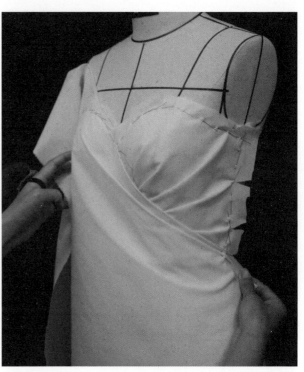

44. 将胸省量的一部分融入褶量，向左衣身侧缝方向做第一个褶。

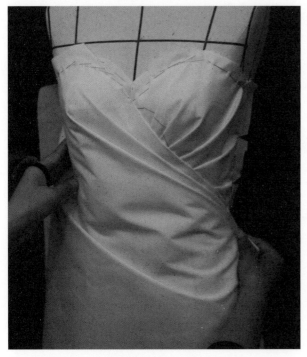

45. 从胸高点向左边侧缝方向旋转胸省，做第二个褶。

46. 修剪上口多余布料，在设计的褶位用珠针固定，打剪口，追加褶量，做第三个褶。

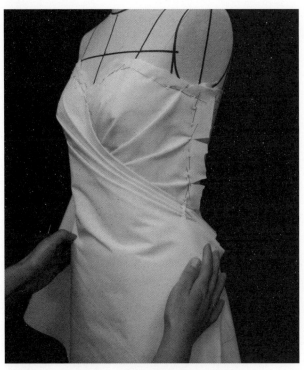

47. 第三个褶形成，注意褶的角度与布纹是否平顺。

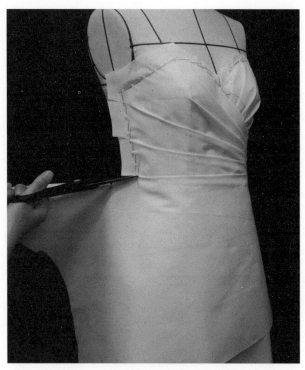

48. 将侧缝处的布纹整理平顺，在设计的褶位用珠针固定，打剪口，追加褶量，做第四和第五个褶。

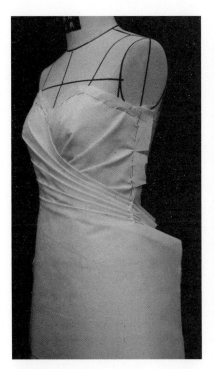

49. 检查侧缝处褶的间距，注意褶量要均匀。

50. 抚平侧缝处的布纹，在设计的褶位用珠针固定，打剪口，追加褶量，做第六个褶。

51. 继续抚平侧缝处的布纹，在设计的褶位用珠针固定,打剪口,追加褶量,做第七个褶。

 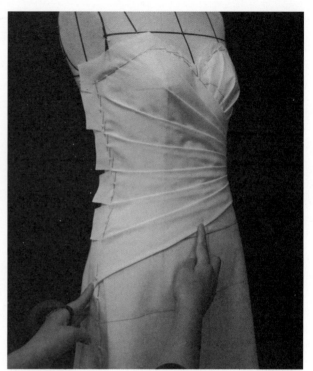

52. 将侧缝处的布纹向下旋转，在设计的褶位用珠针固定，做第八个收尾的褶。

53. 收尾的褶，沿着褶的方向，将多余的坯布布料向里侧翻折。

54. 检查侧缝处褶的间距是否均匀。

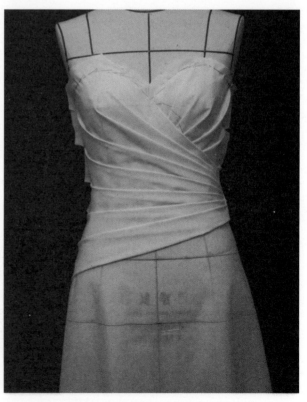

55. 基础完成效果（后背立裁过程同衬里后背，此处略）。

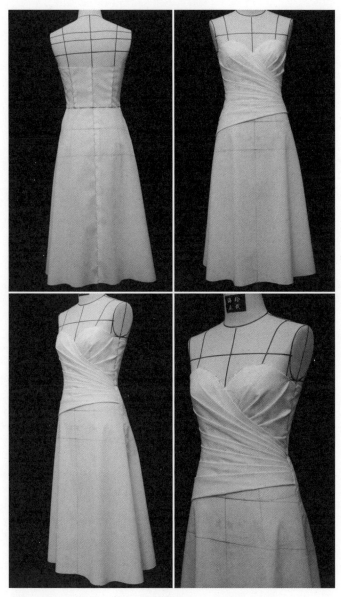

56. 点影形成样板，将缝份折向里侧，观察整体效果。

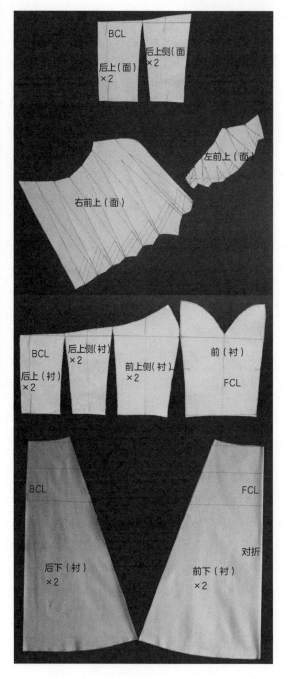

57. 最终样板【净版】。

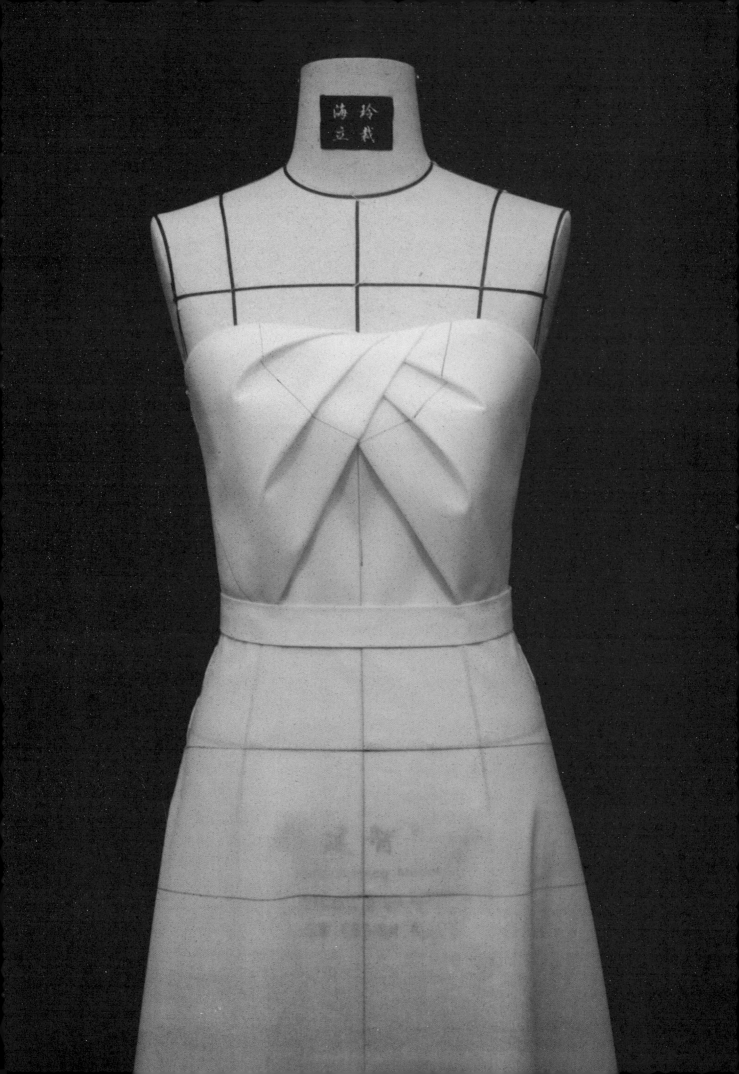

扫码付费
看操作过程视频

2 Dior
左右穿插设计

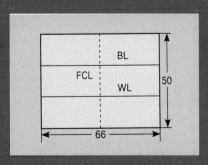

坯布准备

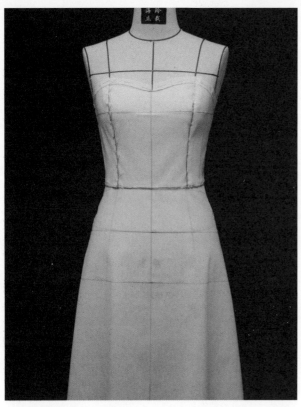

1. 衬里前身效果。衬里的立裁过程同第 1 款，此处略。注意：本款抹胸的造型线与第 1 款有区别，抹胸造型线参考本图。

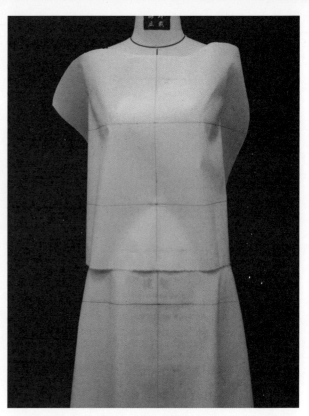

2. 将坯布上的前中标记线与人台的前中线对齐并垂直于地面，保持胸围线和腰围线处于水平状态。

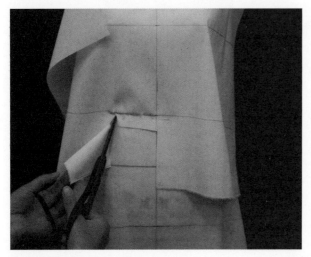

3. 腰节预留缝份，修剪多余布料。

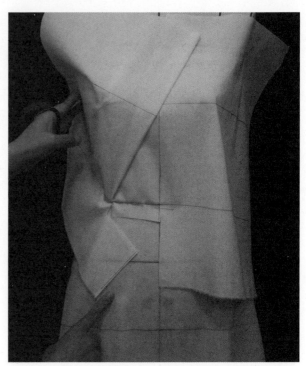

4. 在右侧腰节处的褶皱位置起点打剪口，向上旋转做一个褶。

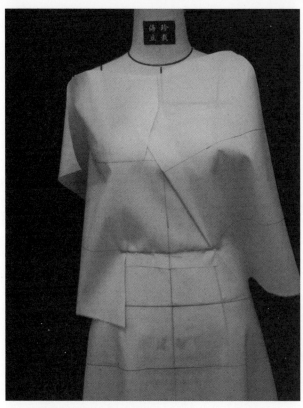

5. 在左侧腰节处褶裥位置起点打剪口，向上旋转做一个褶，从右侧打剪口处穿过。

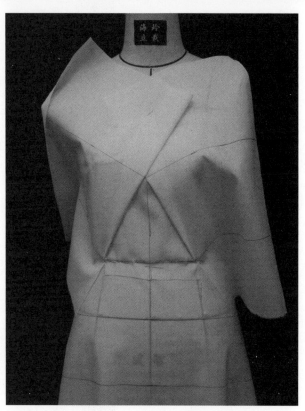

6. 暂时将两边褶裥相交，检查两边褶量是否得当。

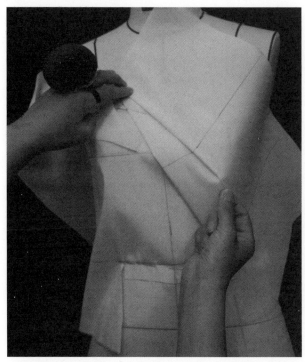

7. 固定腰节处的褶位，将坯布向上旋转，追加第二个褶，倒向前中。

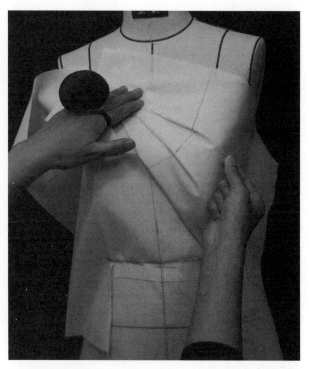

8. 将剩余胸省量向上旋转，再追加一部分褶量形成第三个褶，倒向前中。

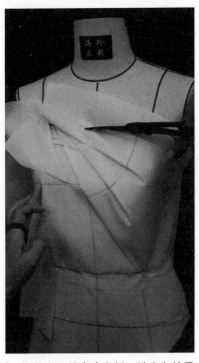

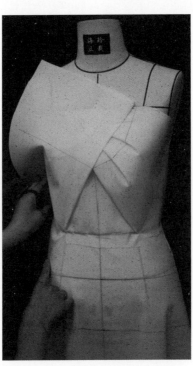

9. 修剪上口的多余布料，检查布纹是否平顺。

10. 抚平右侧腰节处的布纹，向上旋转追加褶量，形成一个褶，倒向前中。

11. 继续向上旋转布料追加褶量，形成第二个褶，倒向前中。

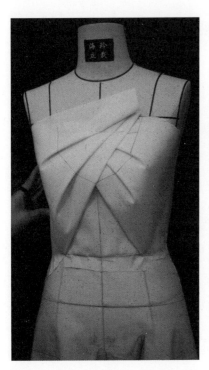

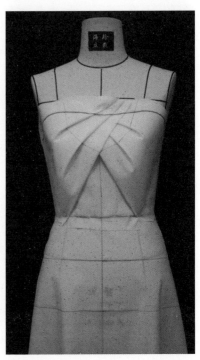

12. 向上旋转剩余胸省，再追加一部分褶量形成第三个褶，倒向前中。

13. 修剪上口处的多余布料，检查布纹是否平顺。

14. 用标记带贴出造型线，并点影形成样板（背部立裁过程同第1款，此处略）。

15. 整体完成效果。

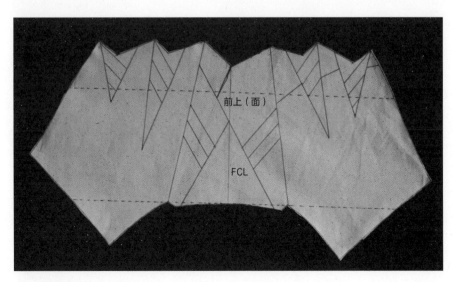

前上（面）

FCL

16. 最终样板【净版】。

扫码付费
看操作过程视频

3 Versace
褶皱缠绕设计

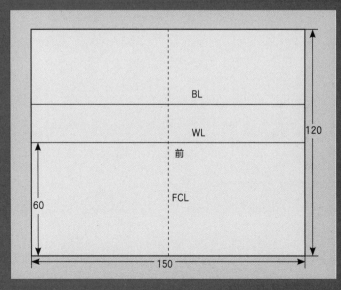

坏布准备

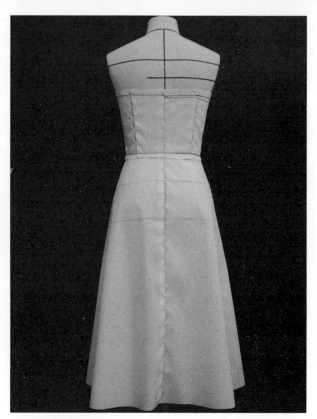

1. 衬里前身效果（衬里立裁操作过程同第 1 款，此处略）。

2. 衬里后身效果。

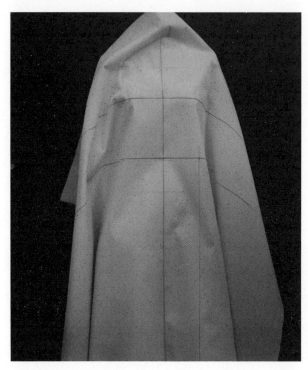

3. 将坯布上的前中标记线与人台的前中线对齐，保持腰围线、腹围线、臀围线处于水平状态。

4. 抚平上口直丝，在前中心处打剪口。

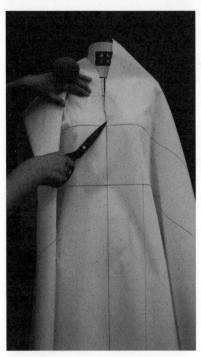

5. 注意剪口位置，两边布料要平分，前中心向左边的衣身处预留出大约10cm 布料。

6. 剪到腰围线上方 2cm 左右，向前中心横向打剪口。

7. 固定设计的褶位，向下旋转追加第一个褶。

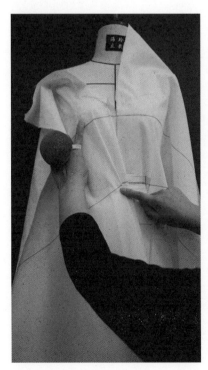

8. 在设计的褶位用珠针固定，向下旋转追加第二个褶。

9. 继续抚平上口处的布纹，将胸省向下旋转形成第三个褶。

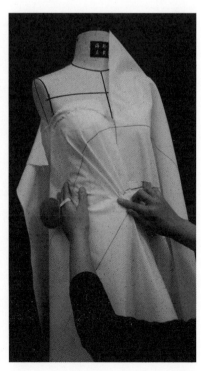

10. 将剩余胸省向下旋转形成第四个褶。

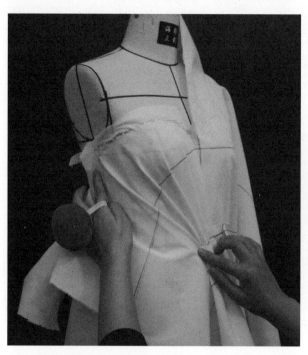

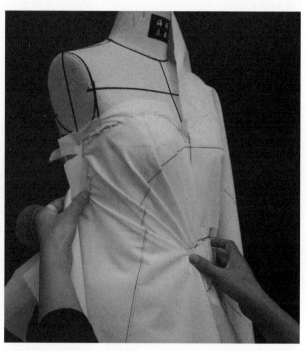

11. 固定侧缝处设计的褶位，打剪口，追加褶量，将褶的方向继续推到前中，做出第五个褶。

12. 固定侧缝处设计的褶位，打剪口，追加褶量，将褶的方向继续推到前中，做出第六个褶。

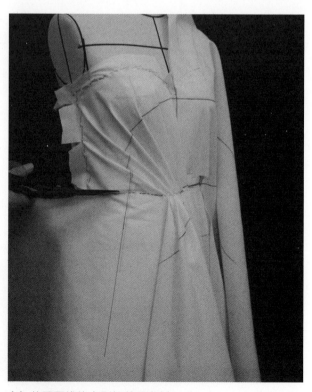

13. 继续抚平布纹，在侧缝和腰围线处点影。

14. 从腰围线的点影处剪开布料。

15. 剪开到腰部的第六个褶处。

16. 将左侧布料固定在设计的褶位，打剪口，追加褶量，形成第一个褶。

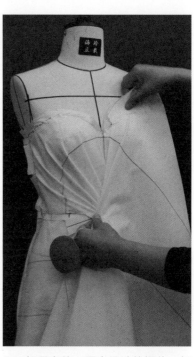

17. 抚平布纹，固定设计的褶位，打剪口，追加褶量，形成第二个褶。

18. 抚平上口布纹，将胸省量向下旋转。

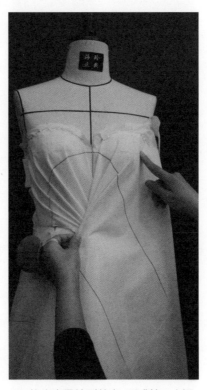

19. 将胸省量转到前中，形成第三个褶。

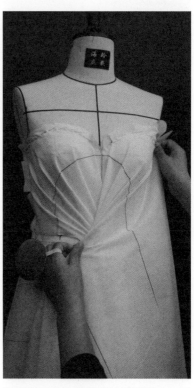

20. 将剩余的胸省继续转到前中，形成第四个褶。

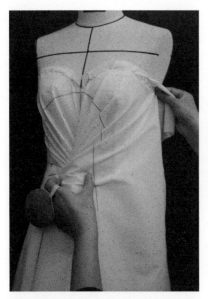

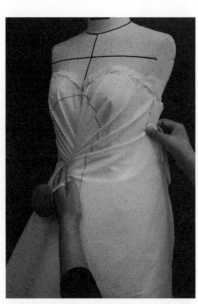

21. 在设计的褶位处用珠针固定，打剪口，追加褶量，形成第五个褶。

22. 继续抚平侧缝处的布纹，用珠针固定设计的褶位，打剪口，追加褶量，形成第六个褶。

23. 继续抚平侧缝处的布纹，用珠针固定设计的褶位，打剪口，追加褶量，形成第七个褶。

24. 注意褶的位置与角度。

25. 继续抚平布纹，固定设计的褶位，打剪口，追加褶量，形成第八个褶。

26. 继续抚平布纹,在设计的褶位固定,打剪口,追加褶量,形成第九个褶。

27. 设计收尾的褶裥位置,修剪左侧多余布料。

28. 将收尾的褶裥倒向里侧,延伸至右侧腰节处,遮盖住其余褶裥。

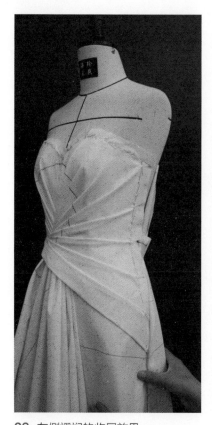

29. 左侧褶裥的收尾效果。

30. 右侧裙身布料根据褶量向侧缝旋转。

31. 将布料向上旋转,掩盖断腰分割线并形成一个褶。

32. 用标记带贴出荷叶边效果，修剪多余布料。

33. 荷叶边的完成效果。

34. 前身和两侧的效果。

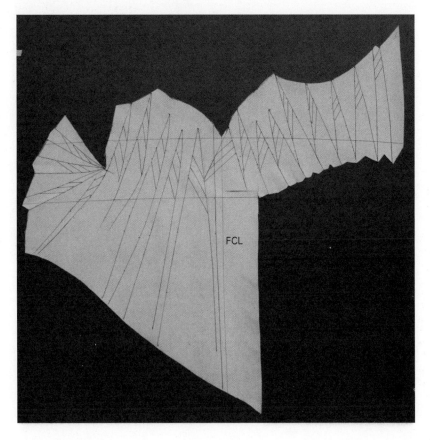

35. 最终样板【净版】。

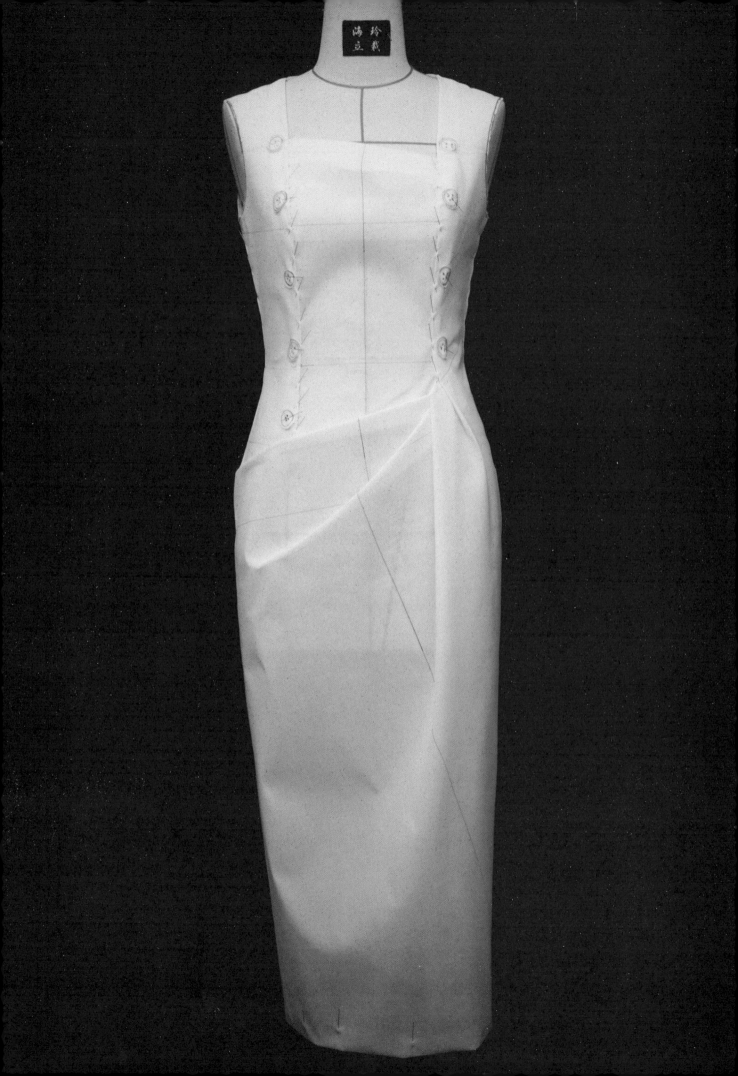

扫码付费
看操作过程视频

4 Dior
复古连衣裙

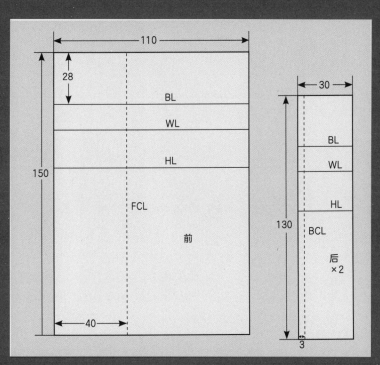

坏布准备

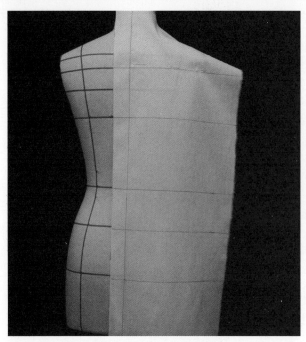

1. 将坯布上的背宽线与人台的背宽线对齐。

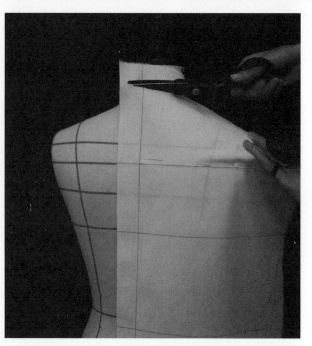

2. 顺直丝缕抚平布纹,将背宽线以上的布料向上推至领口,修剪去多余布料,并在肩部留有一定的吃势量。

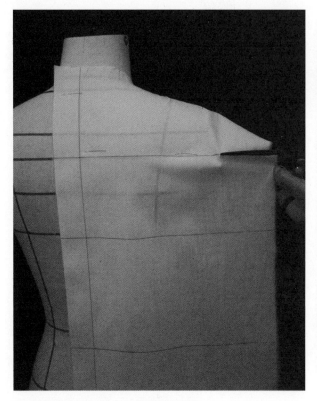

3. 在背宽线处打剪口,剪掉多余布料。

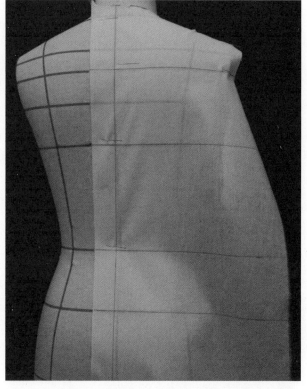

4. 将背宽线以下的布料向下推平,并将余量转到后中线处。

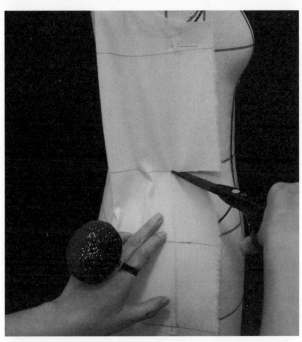

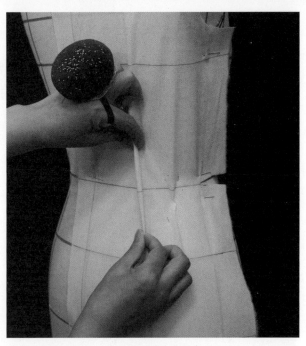

5. 将坯布上的臀围标记线与人台的臀围线对齐，使转折面的直丝缕垂直于地面，在腰部打剪口。

6. 这一款腰部很合体，需要做两个腰省。

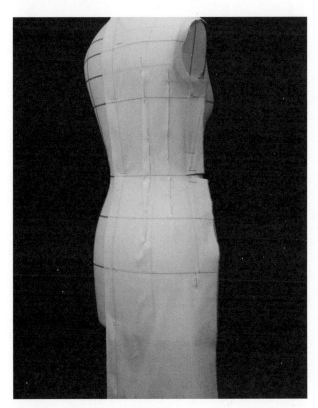

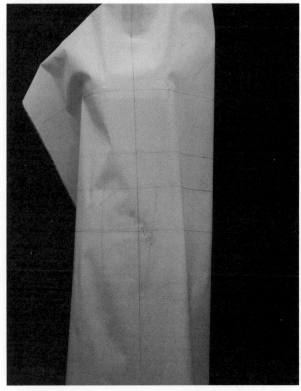

7. 腰省上方省尖点在胸围线向上 6cm 处，下方省尖点在腹围线下方 5cm 处。自背宽线向下做一个辅助省，上方省尖点在胸围线上方 4~5cm 处，下方省尖点在腹围线处。

8. 分别将坯布上的前中标记线和胸围标记线与人台的前中线和胸围线对齐，确保直丝缕垂直于地面。

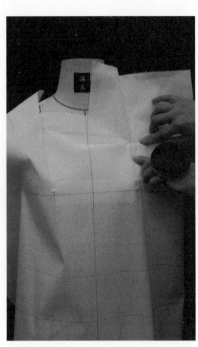

9. 顺着直丝缕方向抚平布纹，将余量向上推到肩部，修剪掉领口的多余布料。

10. 左侧胸围线上方做单褶，褶量倒向肩部。

11. 修剪多余布料。

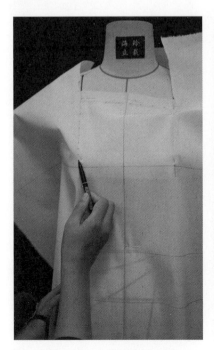

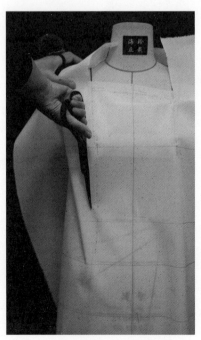

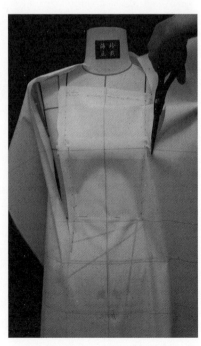

12. 沿着右侧公主线的痕迹点影。

13. 沿着点影的标记线修剪多余布料。

14. 沿着左侧公主线标记线点影，并修剪多余布料。

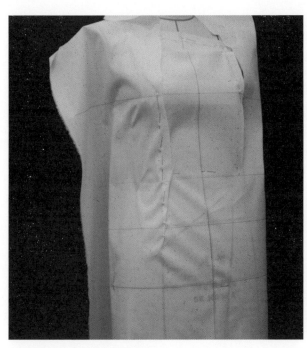

15. 做出右片衣身的胸腰省。

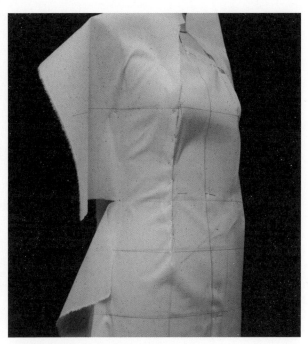

16. 将胸腰省以及胸省向上旋转。

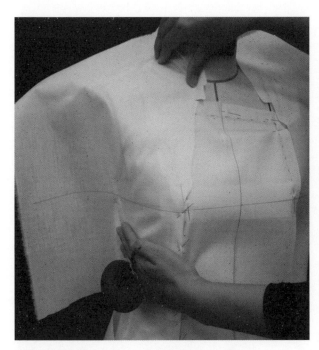

17. 抚平袖窿处的布纹，将胸省量转到分割线。

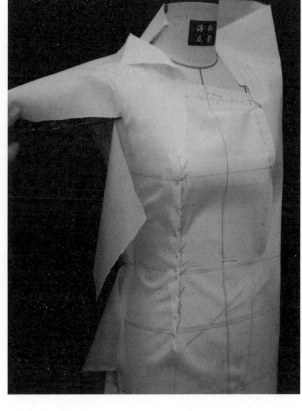

18. 在胸宽线处打剪口。

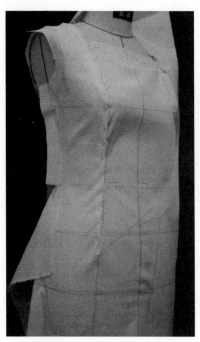

19. 抚平袖窿与侧缝处的布纹，剪掉多余布料。

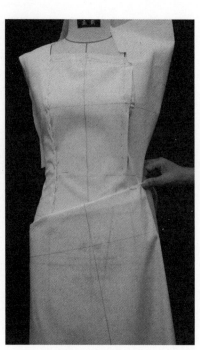

20. 在侧缝处根据褶裥的位置打剪口，追加褶量到左侧腰节附近，做第一个褶。

21. 将右片衣身腹围与腰围产生的省量转移至左侧腰节，做第二个褶，注意间距。

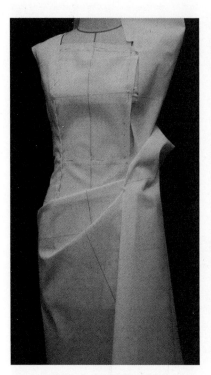

22. 由下摆向上追加褶量做第三个褶。

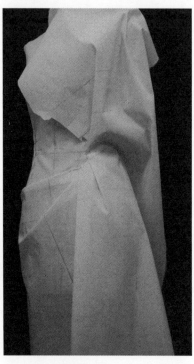

23. 将左侧腹围与腰围产生的省量转移，做第四个小褶。

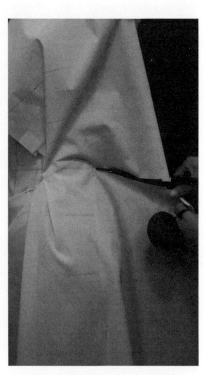

24. 在左侧侧缝腰围线处打剪口。

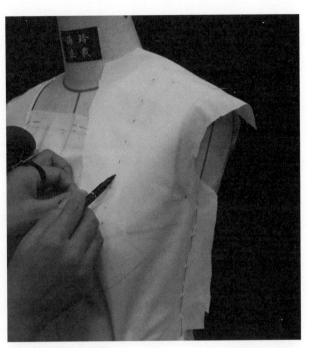

25. 抚平布纹，将胸腰省转移到公主线，修剪多余布料。

26. 根据分割线点影。

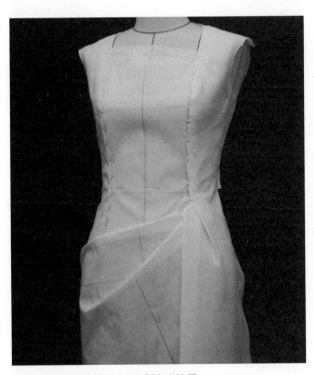

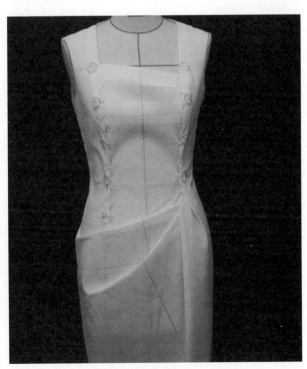

27. 向里侧别合缝份，形成基础效果。

28. 收下摆，别合前、后片侧缝。这一款造型合体，因此胸围、腰围、臀围等处的放松量很小。

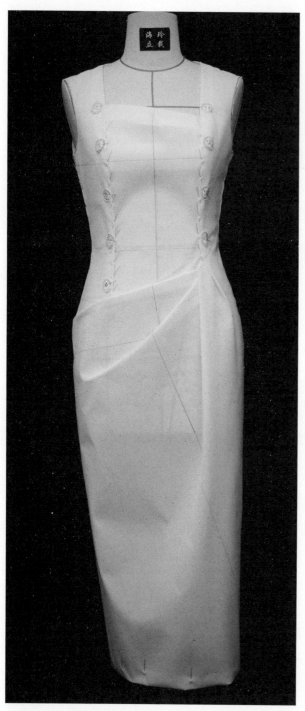
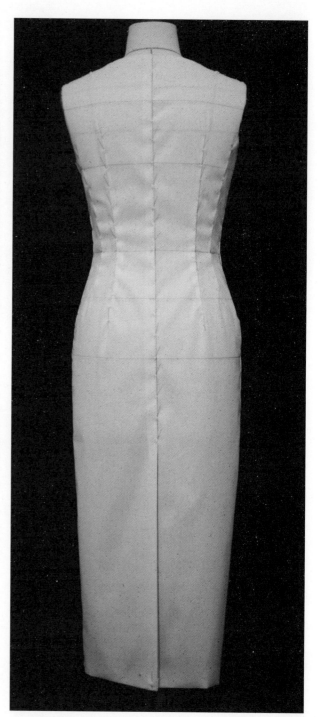

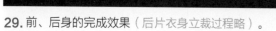

29. 前、后身的完成效果（后片衣身立裁过程略）。

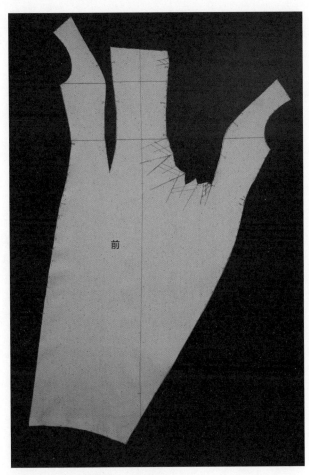

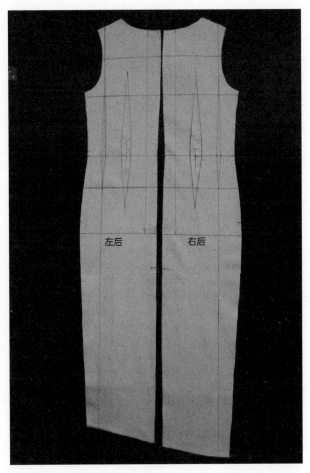

30. 前片衣身最终样板【净版】。

31. 后片衣身最终样板【净版】。

5 Kenzo
荷叶边连衣裙

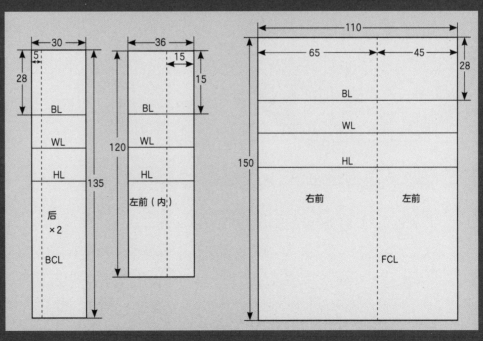

坯布准备

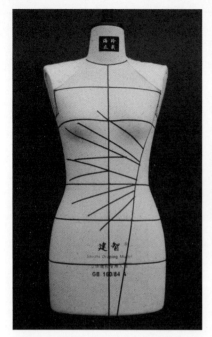

1. 用标记带在人台上贴出设计分割线。

2. 保持背宽线处于水平状态，将后片坯布的背宽标记线与人台的背宽线对齐，顺直丝缕向上抚平布纹，修剪领口多余布料。

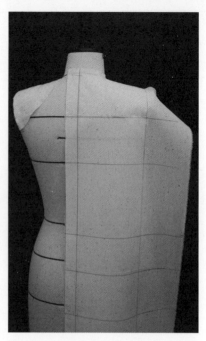

3. 顺直丝缕将多余布料向上推到肩部，在肩部留有一定的吃势量。

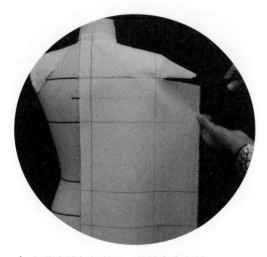

4. 在背宽线处打剪口，剪掉多余布料。

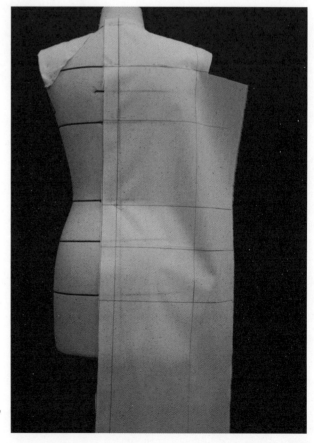

5. 将背宽线以下的布料沿直丝推平，使余量转到后中形成劈势。

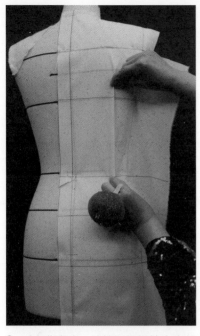

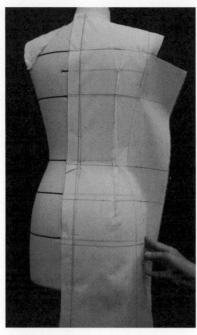

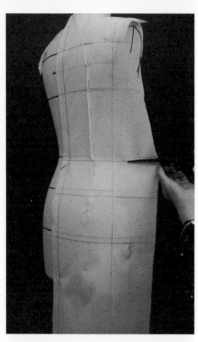

6. 对齐背宽线，使转折面保持为直丝缕，垂直于地面，将腰部的多余量做一个收腰省。

7. 做好的省道。

8. 在侧缝的腰围线处打剪口，抚平布纹。

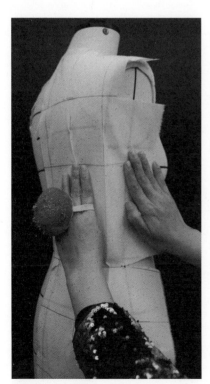

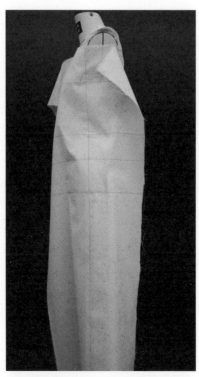

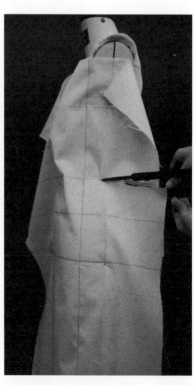

9. 在胸围线处放出一定的松量，做出转折面，臀围线和腰围线处也要放出一定松量，贴出侧缝线。

10. 将左前侧坯布上的胸围标记线和人台的胸围线对齐，并保持直丝缕，垂直于地面。

11. 在腰节的侧缝处打剪口，抚平布纹，剪掉多余布料。

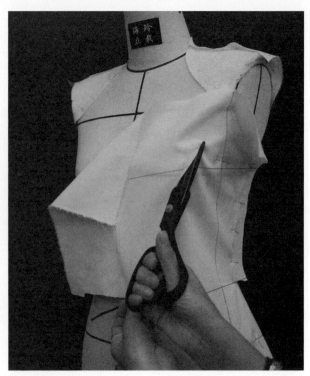

12. 在分割线腰节处打剪口，向上抚平布纹。

13. 剪掉多余布料。

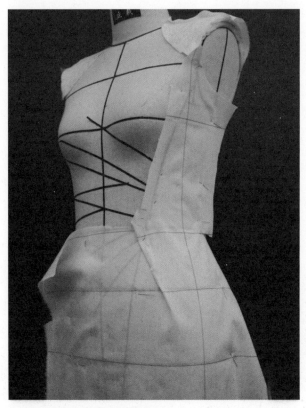

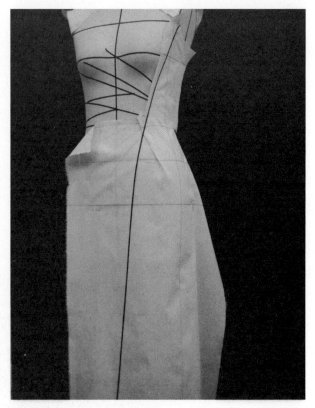

14. 将腰部多余的量做成腰省。

15. 用标记带贴出设计分割线。

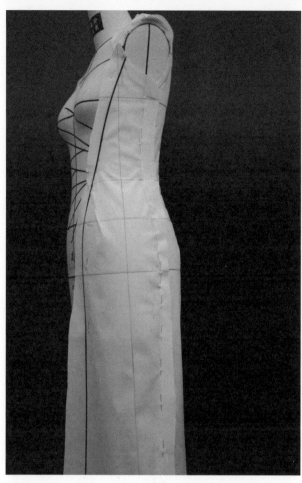

16. 收下摆,将前、后片侧缝别合后剪掉多余布料。

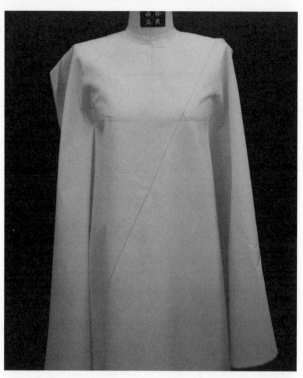

17. 将布料斜向放置在人台上,使丝缕方向为斜丝缕,用珠针固定胸高点、领深点,在领围线处打剪口,剪去多余布料。

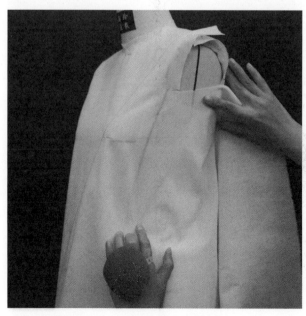

18. 向下旋转布料,抚平前胸宽处并打剪口。

19. 在分割线处预留一定缝份,修剪多余布料。

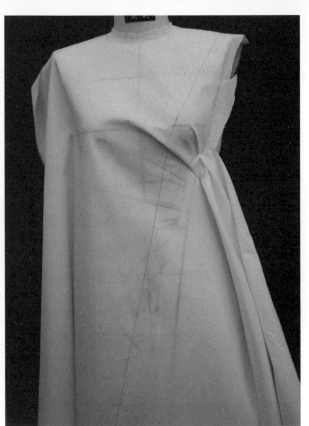

20. 将左边胸省量向下做倒褶设计。

21. 将右边胸省量做第二个倒褶设计。

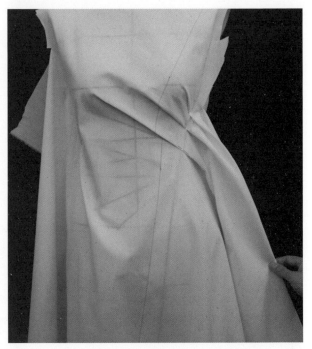

22. 确保右侧肩部布纹平顺，向下旋转布料，抚平后胸宽处并打剪口，修剪肩部和袖窿的多余布料。

23. 将右边胸省量、胸腰省量转为第三个倒褶设计。

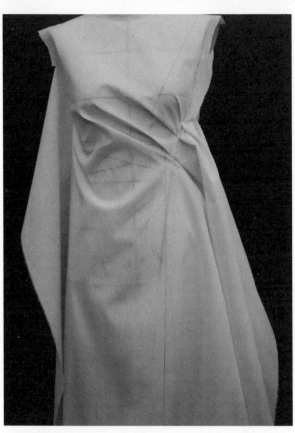

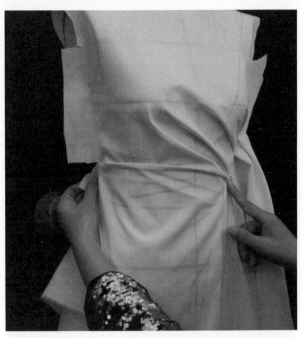

25. 在侧缝处打剪口，追加褶量做第五个褶。

24. 继续将剩余的部分胸腰省量转入第四个倒褶设计。

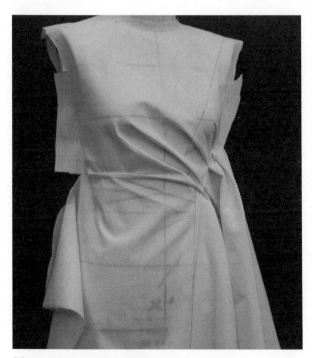

26. 注意第五个褶的位置要与第四个倒褶衔接。

27. 做第六个褶，注意位置要与第五个褶衔接。

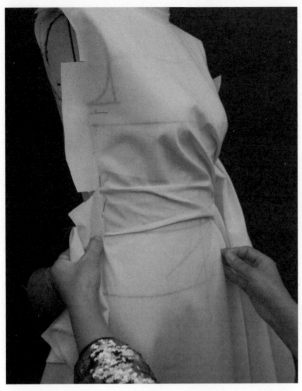

28. 在侧缝处打剪口做第七个褶，位置要和第六个褶衔接。

29. 从侧缝将腰臀差产生的省量向上转移，做第八个褶。

30. 将腰臀差产生的省量向上转移，做第九个褶。

31. 将腰臀差产生的省量向上转移，做第十个褶。

32. 在侧缝处预留一定缝份，修剪多余布料。

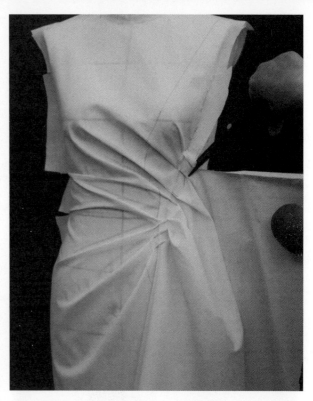

33. 修剪分割线处的多余布料，修剪至第二个褶的位置。

34. 根据分割线，别合裙身部分。

35. 预留一定缝份，修剪多余布料至第十个褶的位置。

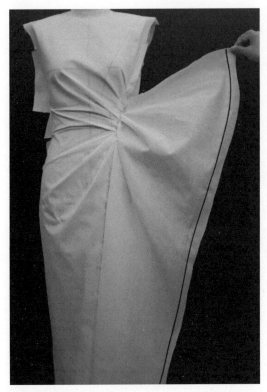

36. 用标记带贴出荷叶边造型，将荷叶边与刀背分割线拼合，修剪多余布料。

37. 基础完成效果。

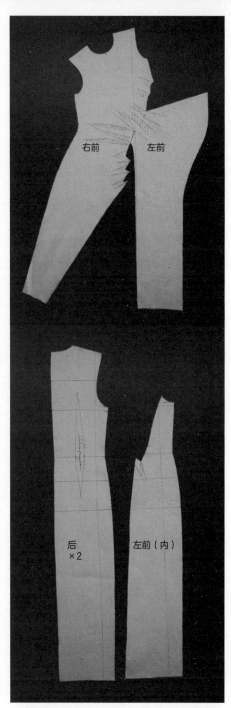

38. 侧身效果。

39. 最终样板【净版】。

扫码付费
看操作过程视频

6 Paule Ka
褶皱连衣裙

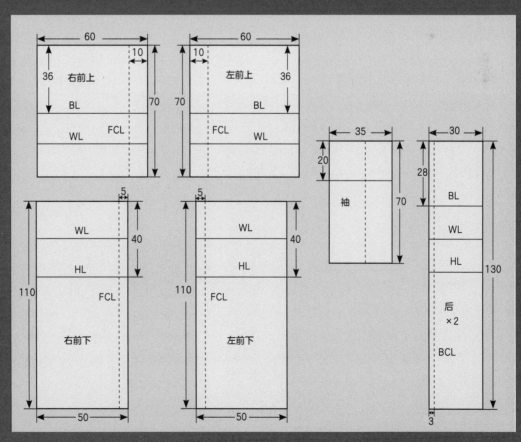

坏布准备

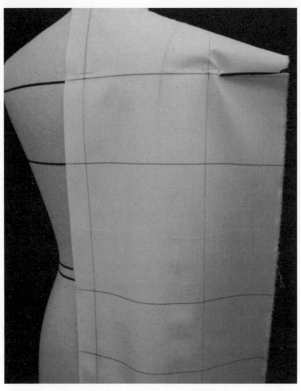

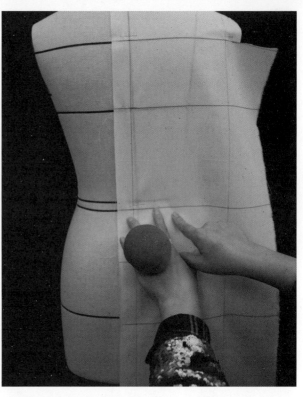

1. 将坯布上的背宽标记线与人台的背宽线对齐，顺着直丝缕方向抚平布纹，向上推到肩部，在肩部形成一定的吃势量，在背宽处打剪口。

2. 将背宽线以下的布料向下推平，使余量转到后中处形成劈势。

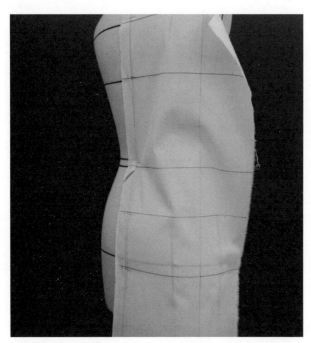

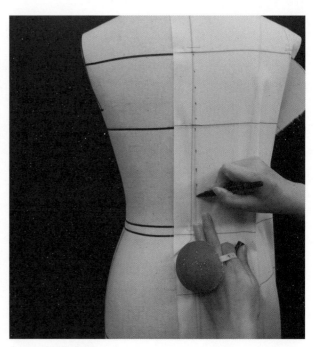

3. 将坯布上的臀围标记线与人台的臀围线对齐，确保转折面处于直丝缕垂直于地面，用珠针固定胸围线、腰围线和臀围线。

4. 后中劈势点影。

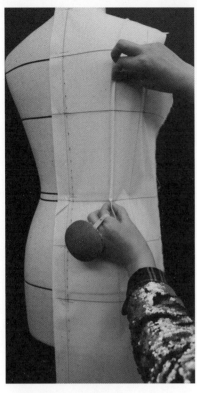

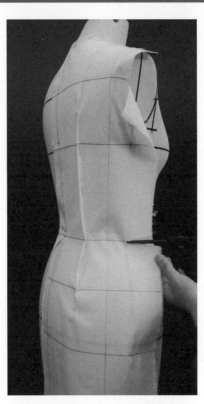

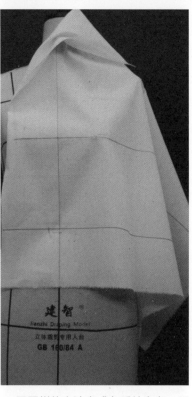

5. 将腰部的多余量做成一个腰省，并预留出腰围的放松量。

6. 做好省道后，在侧缝的腰围线处打剪口，抚平布纹，在胸围线处做出转折面，臀围线处放出一定活动量，收下摆，贴出侧缝线。

7. 用同样的方法完成左后片衣身。开始做前片衣身，先从左侧做起，确保前中线处于直丝缕并垂直于地面，胸围线处于水平。

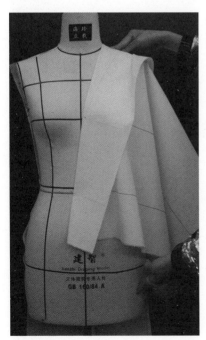

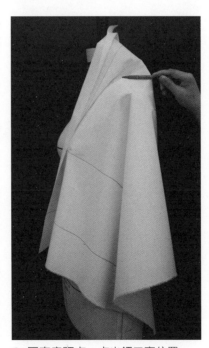

8. 确定领深点，做翻折线，用珠针固定领深点。

9. 固定肩颈点，点出领口宽位置。

10. 在肩颈点打剪口。

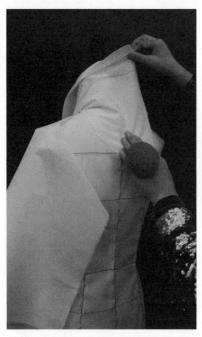

11. 将布料向后领口旋转，做出倒伏量。

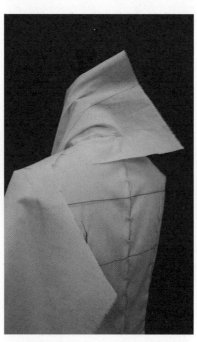

12. 修剪多余布料，注意观察后领口放松量。

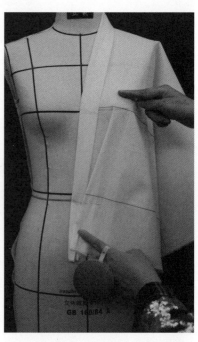

13. 设定领驳头的宽度，修剪多余布料，将胸省量向下旋转做第一个倒褶，倒向前中线。

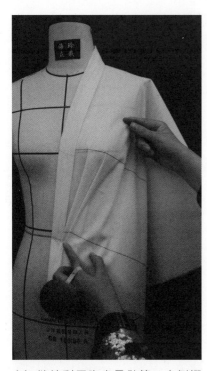

14. 继续利用胸省量做第二个倒褶设计。

15. 剪去袖窿处的多余布料。

16. 向下旋转布料，抚平后在设计的褶位处打剪口并追加褶量，形成三个倒褶。

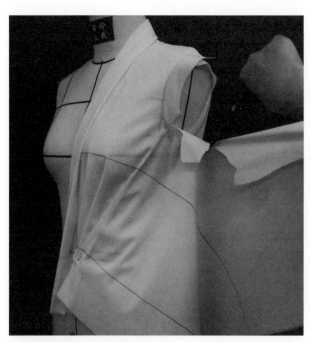

17. 修剪袖窿与侧缝处的多余布料。

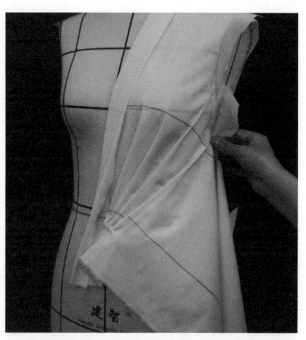

18. 继续向下旋转侧缝处的布料，抚平后在设计的褶位处打剪口并追加褶量，形成第四个倒褶。

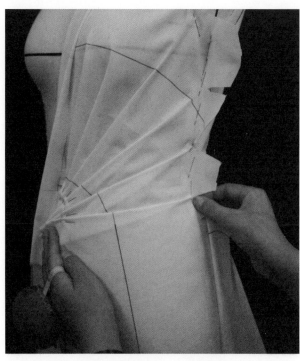

19. 继续向下旋转侧缝处的布料，抚平后在设计的褶位处打剪口并追加褶量，形成第五和第六个倒褶。

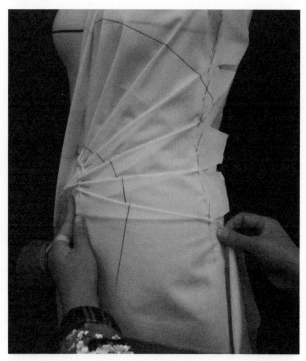

20. 继续向下旋转布料，在设计的褶位处打剪口并追加褶量，形成第七个倒褶。

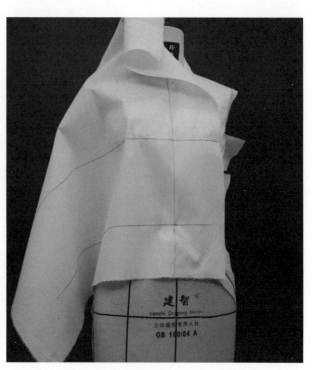

21. 继续向下旋转布料，在设计的褶位处打剪口并追加褶量，形成第八个倒褶，贴出设计分割线，修剪多余布料。

22. 将右侧衣片坯布上的前中心标记线与人台的前中线对齐，并确保布料的直丝缕垂直于地面，胸围线应保持水平。

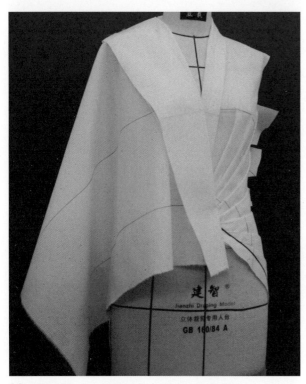

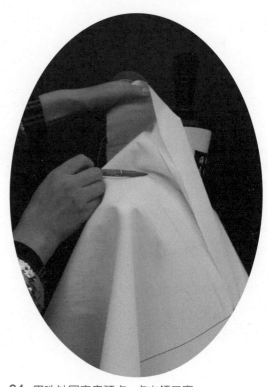

23. 确定领深点，做翻折线，用珠针固定领深点。

24. 用珠针固定肩颈点，点出领口宽。

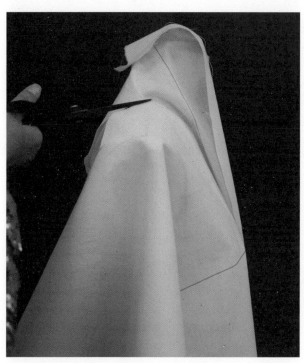

25. 在领口处打剪口，将布料向后领围处旋转。

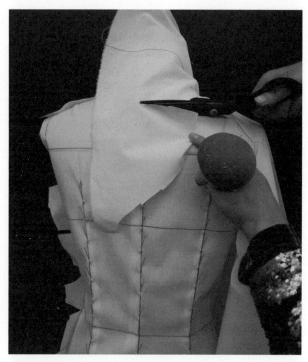

26. 做出倒伏量，修剪多余布料。

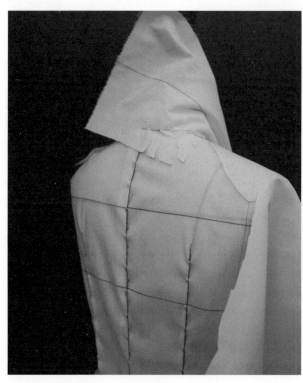

27. 注意观察后领口处的放松量。

28. 做领子驳头造型。

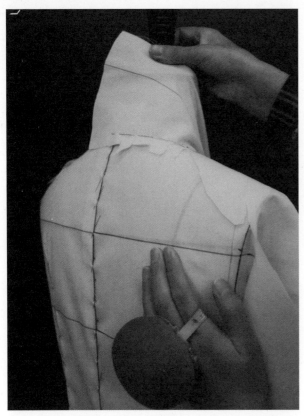

29. 设定领子驳头的宽度，再次确认后领放松量，修剪多余布料。

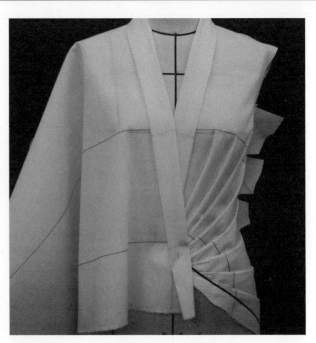

30. 确定驳头造型，注意检查左右两边是否一致。

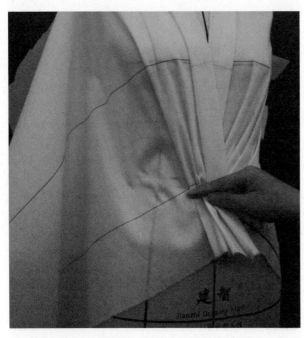

31. 向下旋转胸省量做第一个褶，将褶量倒向侧缝，继续转移胸省量做第二个倒褶设计，并从袖窿追加褶量，倒向侧缝。

32. 在袖窿处打剪口，剪去多余布料，向下旋转布料，抚平后在设计的褶位处打剪口并追加褶量，形成第三个倒褶。

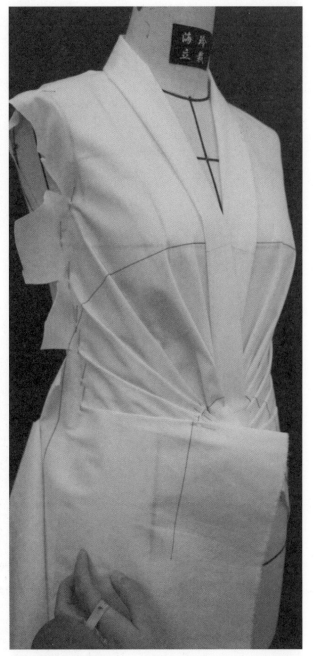

33. 继续在侧缝处向下旋转布料，抚平布料后在设计的褶位处打剪口并追加褶量，形成第四个倒褶。

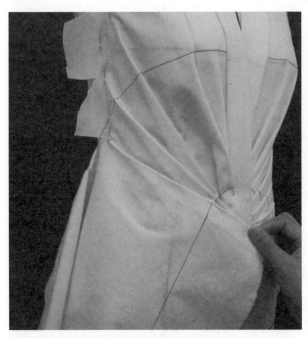

34. 继续在侧缝处向下旋转布料，在设计的褶位处打剪口并追加褶量，形成第五个倒褶。

35. 继续向下旋转布料，在设计的褶位处打剪口并追加褶量，形成第六个倒褶。

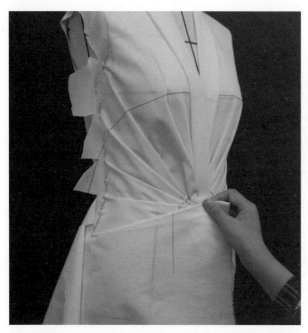

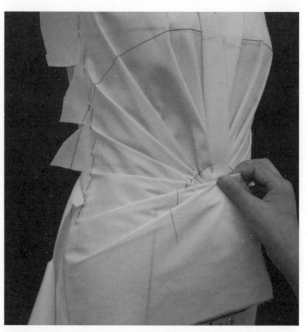

36. 继续向下旋转布料，在设计的褶位处打剪口并追加褶量，形成第七个倒褶。

37. 继续向下旋转布料，在设计的褶位处打剪口并追加褶量，形成第八个倒褶。

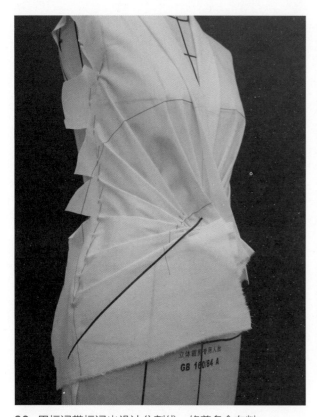

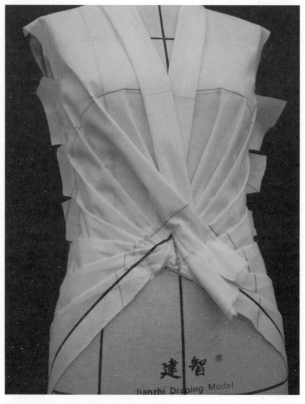

38. 用标记带标记出设计分割线，修剪多余布料。

39. 注意标记出裙子的前中心线。

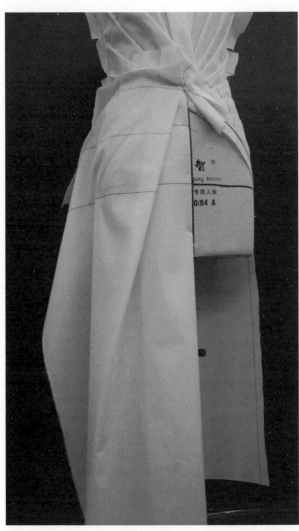

41. 向上旋转侧缝处的布料，追加第二个褶，倒向侧缝，继续向上旋转布料，追加第三个褶，倒向侧缝。

40. 开始裙子的立裁制版。先做右片裙身，确保坯布的直丝缕垂直于地面，将坯布的前中标记线与人台的前中线对齐，从侧缝靠近裙摆处向上旋转并追加一个褶，倒向前中线方向。

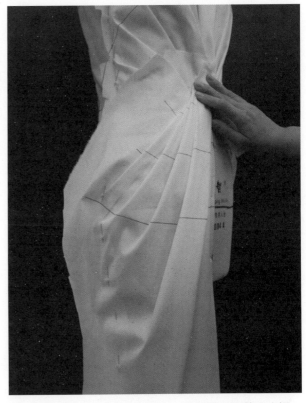

42. 继续向上旋转侧缝处的布料，追加第四和第五个褶，均倒向侧缝，巧妙地掩盖分割线。

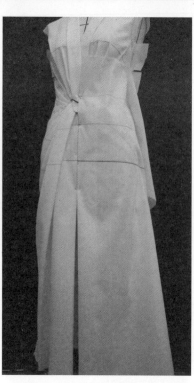

43. 别合侧缝，修剪多余布料，注意观察褶的设计角度，右边裙身结构基本完成。

44. 做左片裙身，确保坯布的直丝缕垂直于地面，对齐两侧坯布的前中心线。

45. 从侧缝靠近裙摆处向上旋转并追加一个褶，倒向前中线方向。

46. 将侧缝布料向上旋转，追加第二个褶，倒向侧缝。

47. 继续将侧缝处的布料向上旋转，追加第三个和第四个褶，倒向侧缝。

48. 继续侧缝处的布料向上旋转，追加第五个褶，倒向侧缝。

49. 巧妙地掩盖分割线，剪去多余布料。

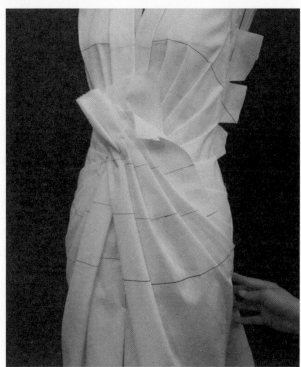

50. 注意观察褶的设计角度并进行调整。

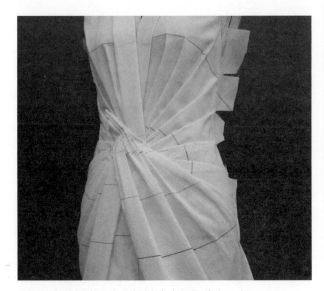

51. 将左片裙身所有的褶皱止点都聚集在一起。

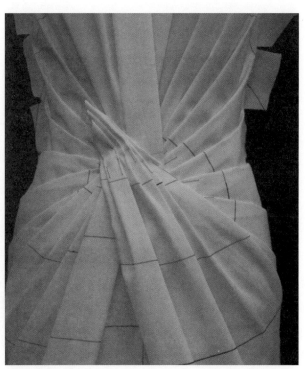

52. 将裙身褶皱聚在一起，在布料上略微预留出缝份，准备翻折。

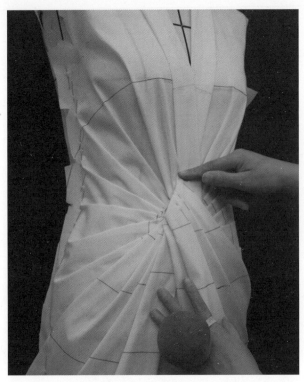

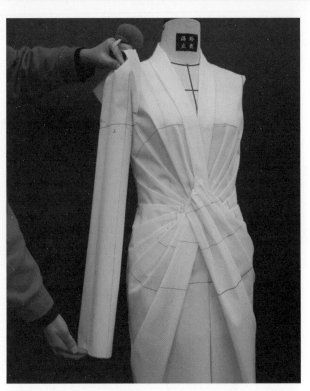

53. 使左片裙身所有的褶皱止点消失在右片裙身褶皱止点处，并掩盖右侧衣领驳头。

54. 从净袖窿深点向下移 2cm，画顺袖窿弧线，根据效果图设定袖肥，使袖子与袖窿弧线吻合，确定袖山高。

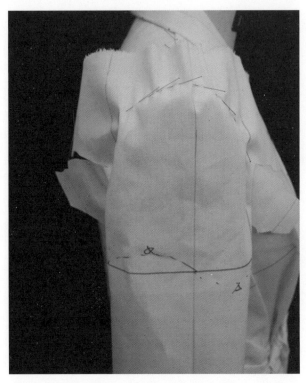

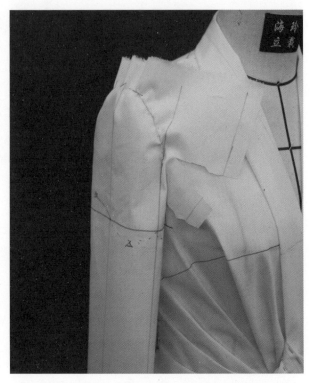

55. 别合袖子吃势量，确认袖山高处的吃势量均匀分布。

56. 确定前、后袖山饱满不亏量，再将其分割成大小袖片。

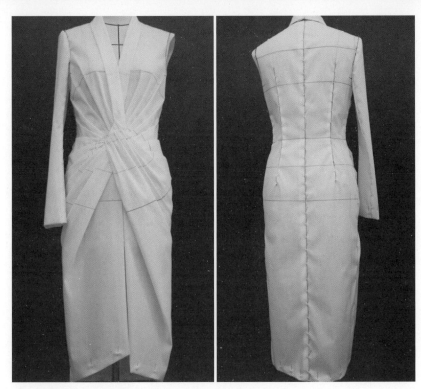

57. 前身、后身效果。

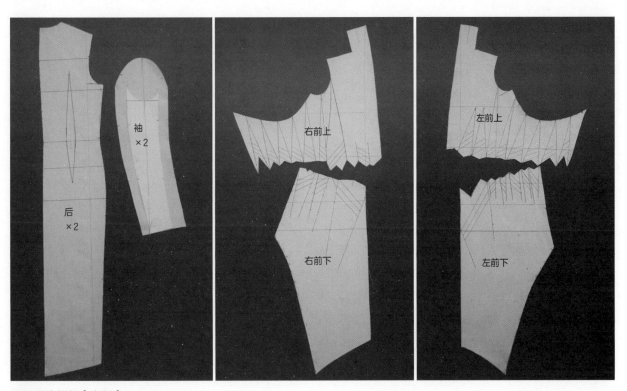

58. 最终样板【净版】。

扫码付费
看操作过程视频

7 Dior
大披肩领扭结上衣

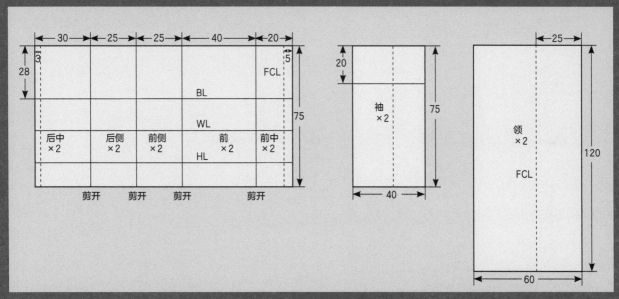

坯布准备

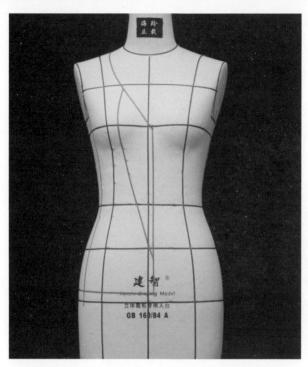

1. 用标记带在人台上贴出设计分割线以及扭结和打褶的位置。

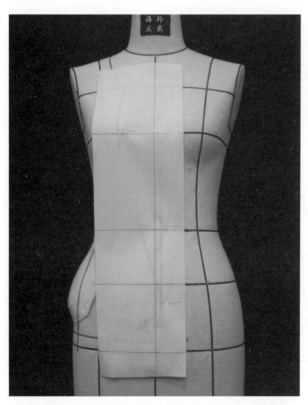

2. 将坯布的相应标记线分别与人台的前中线、胸围线、腰围线对齐，并确保前中线垂直于地面。

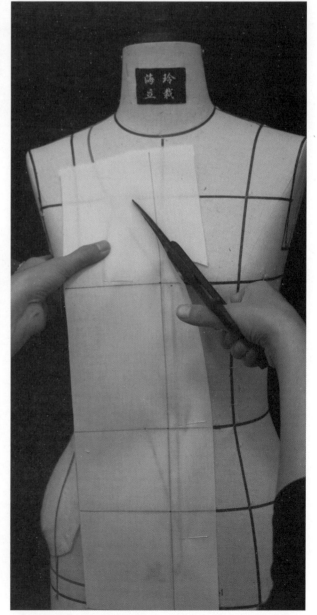

3. 修剪领口处的多余布料。

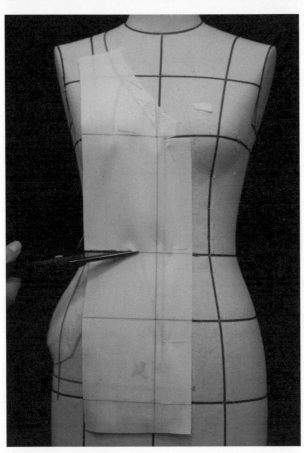

4. 在腰围线处打剪口。

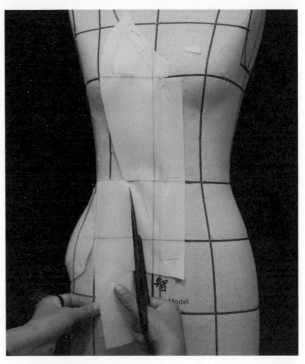

5. 修剪腰围线处的多余布料。

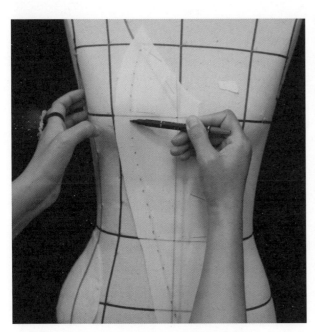

6. 沿着之前标记的结构线点影,修剪多余布料。

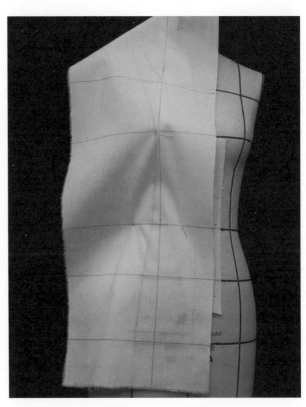

7. 确保前片的直丝缕垂直于地面,使胸围线处于水平状态,抚平布纹。

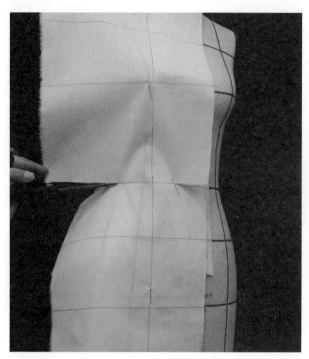

8. 在腰围线处打剪口。

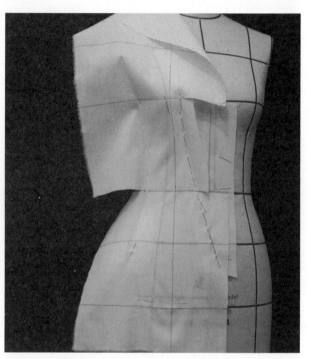

9. 按照分割线用珠针别合，修剪多余布料。

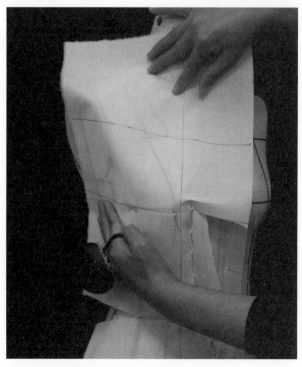

10. 向肩部旋转布料至领口分割线处。

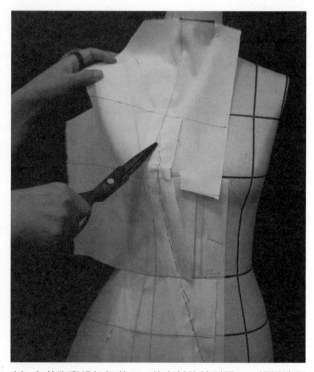

11. 在前胸宽线处打剪口，将布料旋转到领口，根据造型用珠针别合。

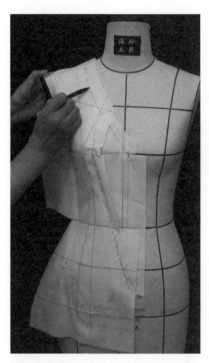

12. 修剪领口部分的多余布料，在领口点影。

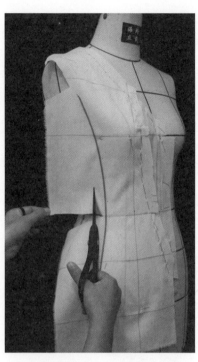

13. 用标记带标记出小刀背分割线，并修剪袖窿、肩部等处的多余布料。

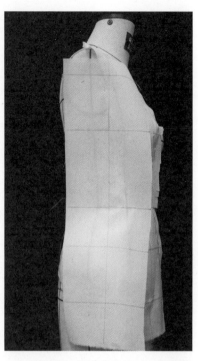

14. 侧片直丝缕垂直于地面，胸围线保持水平，抚平布纹。

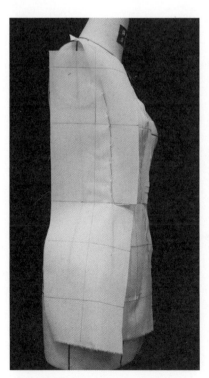

15. 在腰围线处打剪口，抚平布纹，按照分割线的形态用珠针别合。

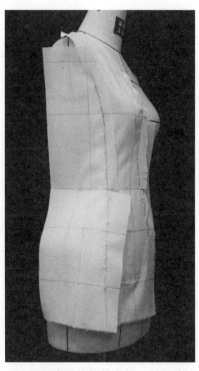

16. 抚平腹围线处的布纹，并用珠针别合至臀围线，完成小刀背分割线。

17. 在胸围线、腰围线、臀围线等处追加放松量，保证直丝缕垂直于地面，标记出侧缝线。

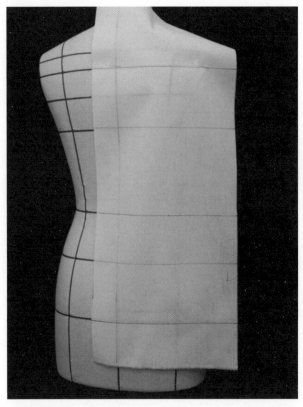

18. 确保背宽线处于水平状态。

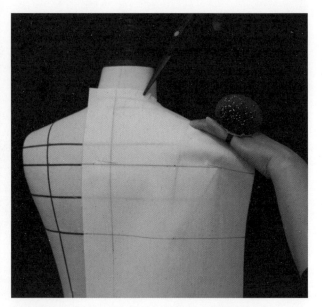

19. 修剪领口处的多余布料，打剪口，抚平布纹。

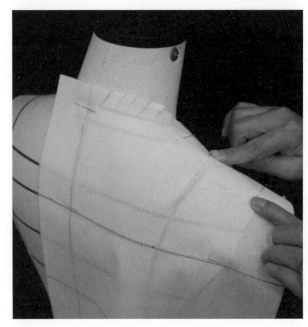

20. 将肩颈点与前片别合，用珠针固定肩点。注意，后肩长应留有一定的吃势量。

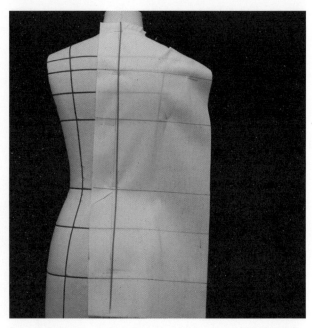

21. 将背宽线以下的余量转到后中线，向上抚平臀围线处的布纹，在后中形成劈势，做到腰部合体。

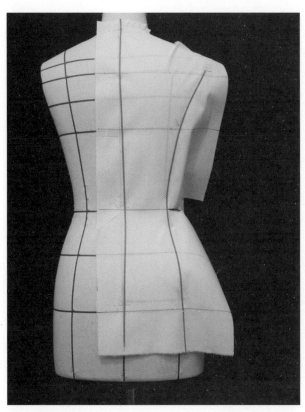

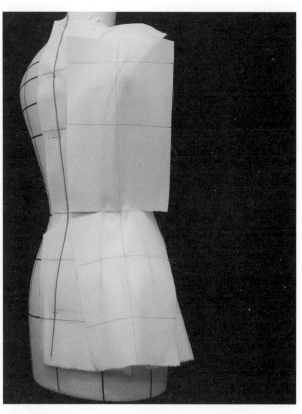

22. 用标记带标记出刀背分割线的形态，在腰围线处打剪口，抚平布纹。

23. 确保侧片处于直丝缕并垂直于地面，抚平布纹，在腰围线处打剪口。

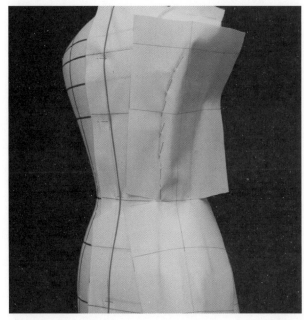

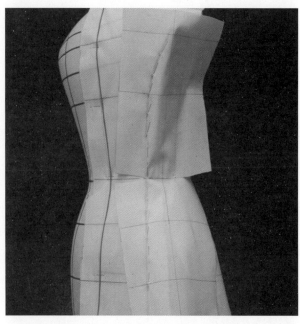

24. 抚平胸围线处的布纹到袖窿，根据刀背分割线的形态用珠针别合。

25. 抚平腹围线布纹到臀围线并根据造型别合，完成刀背分割线。

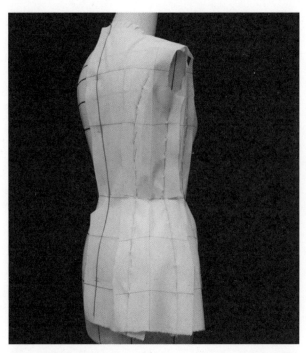

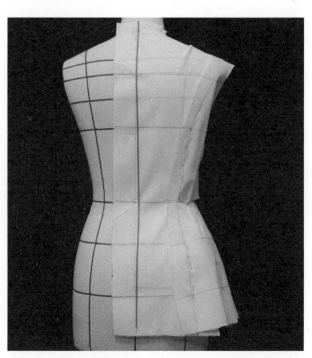

26. 在胸围线、腰围线和臀围线等处放出适当松量，修剪多余布料。

27. 后片衣身的基础效果，检查胸围线、腰围线和臀围线的放松量和布纹是否顺畅。

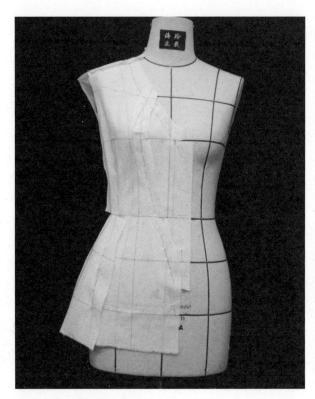

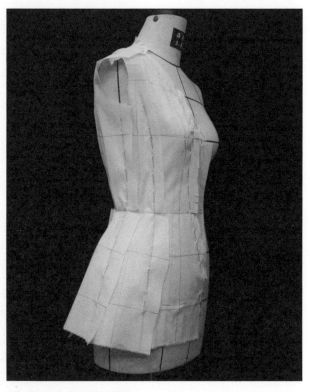

28. 前片衣身的基础效果。

29. 侧片衣身的基础效果。

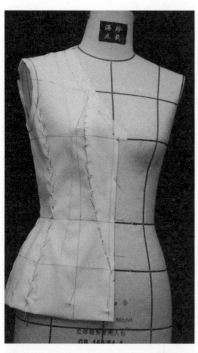

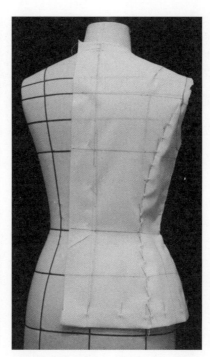

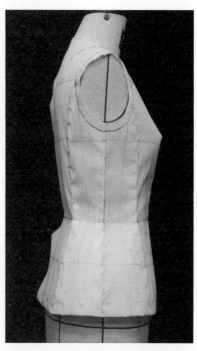

30. 将后片衣身与前片衣身扣净缝份用珠针别合，折合固定底边。衣身结构完成。

31. 后片衣身效果。

32. 以净袖窿深为基础，袖窿深向下开深 1.5~2cm，画顺袖窿弧线。

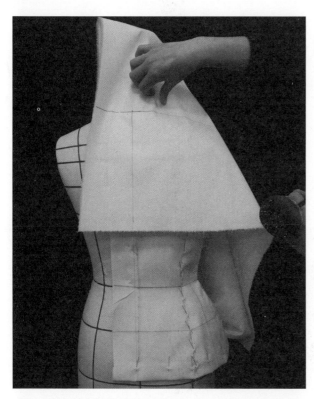

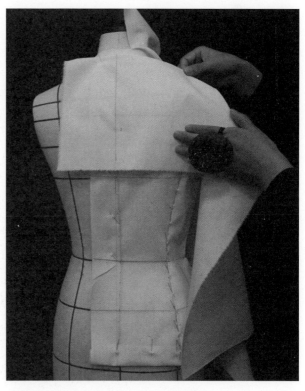

33. 后中保持直丝缕并垂直于地面，用珠针固定衣领布料。

34. 向肩颈点旋转布料，做出底领高度。

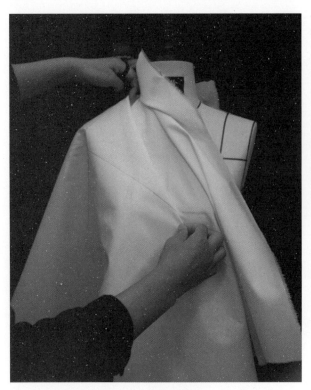

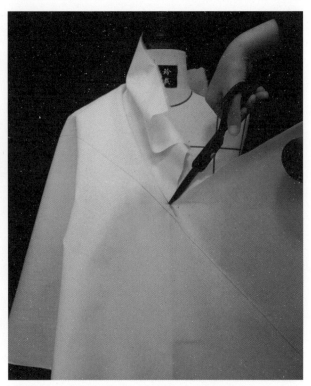

35. 向前领口旋转布料，确定领座高。

36. 确保底领翻折线顺畅，然后在领深点打剪口。

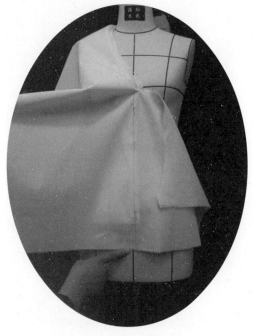

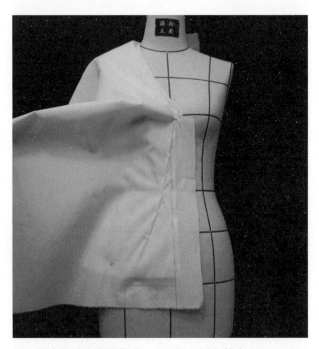

37. 领口基础完成，确保领深点处的布纹直丝缕垂直于地面，做出叠门。

38. 将止口的胸省量做成一个小褶，倒向前中。

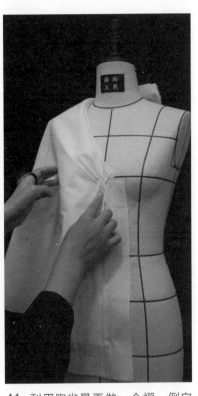

39. 利用止口处的胸省量再做一个褶到底边，倒向前中。

40. 将胸省向下延长至下摆，做第三个褶，注意褶的角度与设计的角度应当相吻合。

41. 利用胸省量再做一个褶，倒向前中。

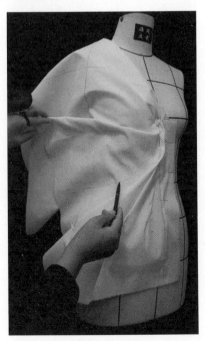

42. 预留外领处的缝份。

43. 点影设定外领的大概宽度。

44. 剪开布料，使领子与衣身部分分开。

45. 暂时多预留一些外领缝份，修剪多余布料。

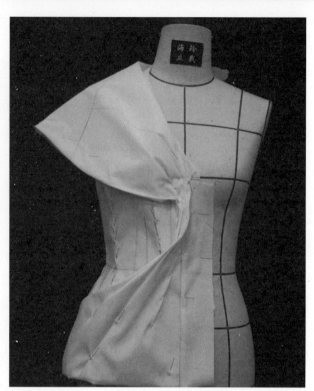

46. 根据外领的设计，修剪多余布料并扣净别合。

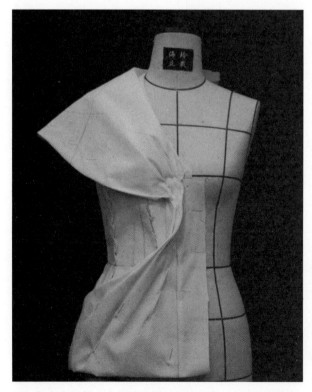

47. 在衣身处做一个收尾的褶并扣净别合，注意褶的角度。

48. 根据相同步骤做左片衣领和衣身，从右片领口深底部穿过，再扭回左片衣身。

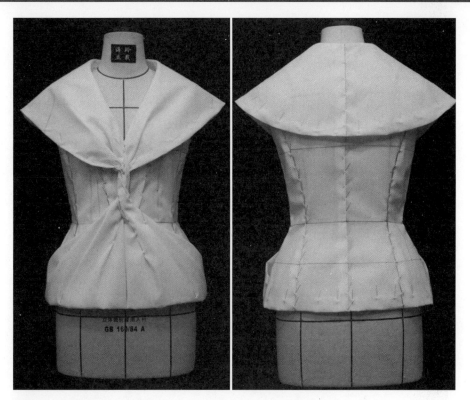

49. 前、后身效果。

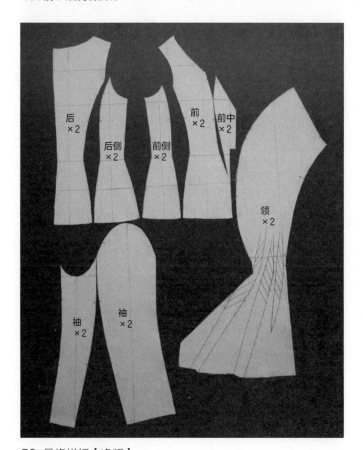

50. 最终样板【净版】。

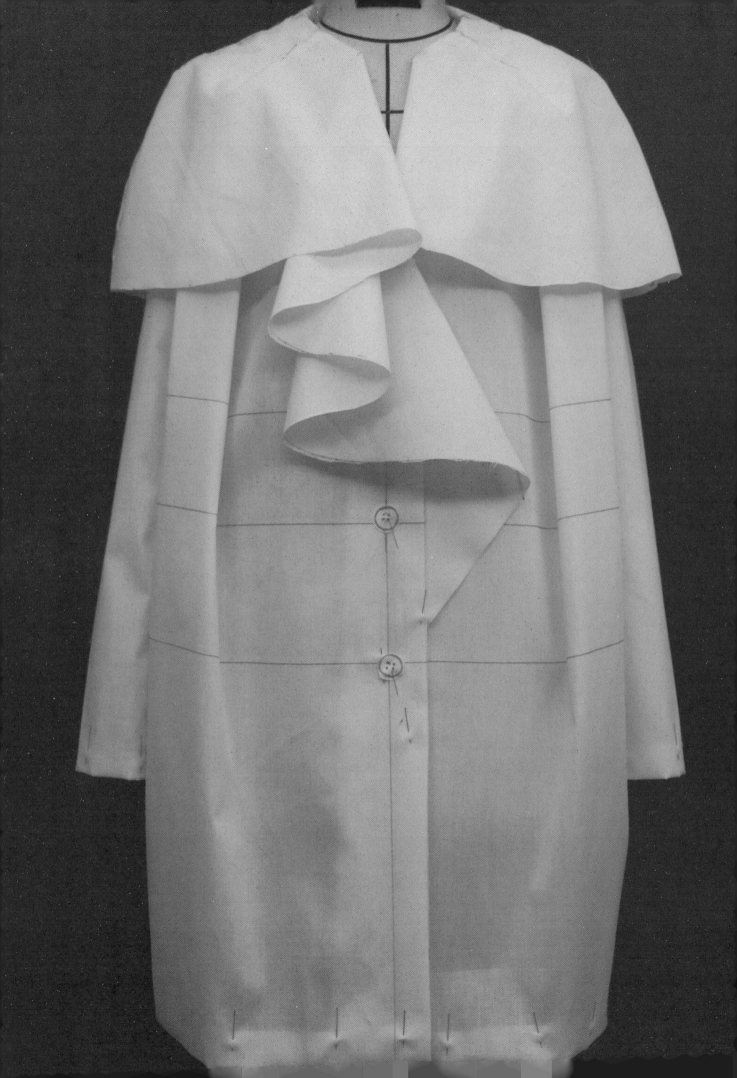

扫码付费
看操作过程视频

8 Delpozo
大荷叶边衣领上衣

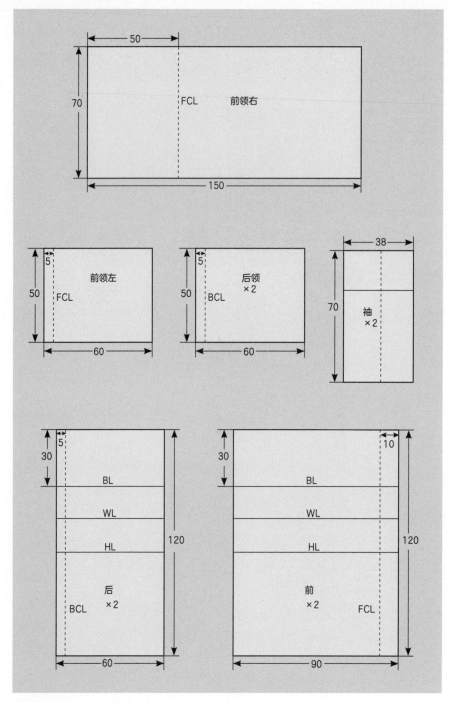

坯布准备

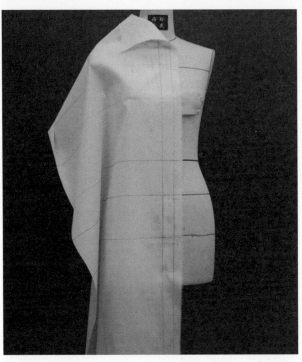

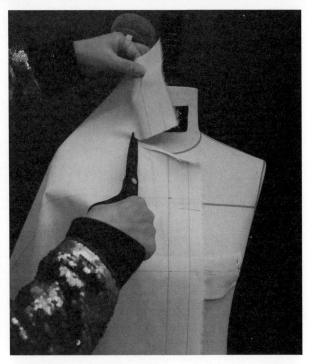

1. 将坯布的前中标记线与人台的前中线对齐，确保前中线为直丝缕并垂直于地面，胸围线处于水平。

2. 剪掉领口处的多余布料。

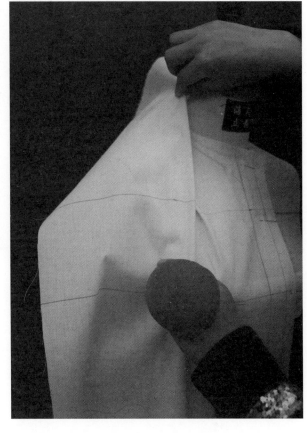

3. 将胸省量转到肩部做一个褶，褶量倒向肩缝。

4. 由下摆向肩部旋转布料，追加一个褶，旋转至肩颈点附近，调整角度使其盖住第一个褶，褶量倒向领口。

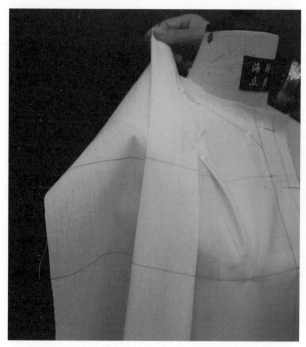

5. 由肩点向肩线内侧旋转布料，追加一个褶，倒向侧缝。

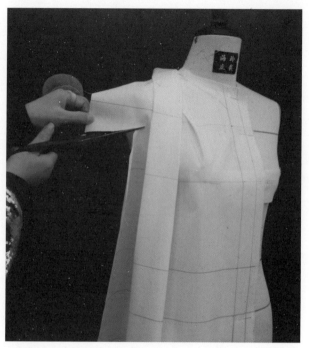

6. 在袖窿处打剪口，修剪袖窿与肩部的多余布料，标记出侧缝线，完成前片的制版。

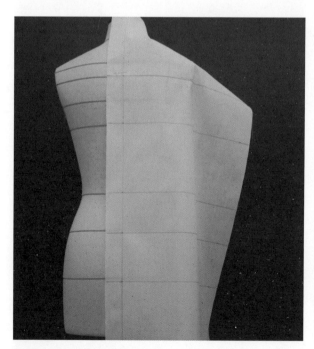

7. 确保后背宽线处于水平状态。

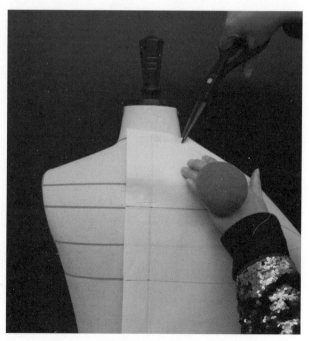

8. 修剪领口处的多余布料，用珠针别合肩颈点。

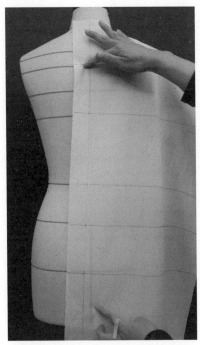

9. 将背宽线以下的余量转至后中线。

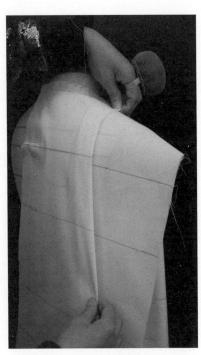

10. 由肩点向内侧追加褶量。

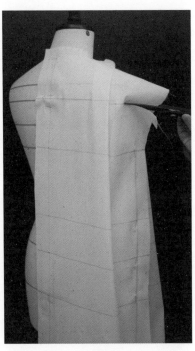

11. 在袖窿弧线和背宽线相交处，沿着背宽线打剪口，修剪多余布料。

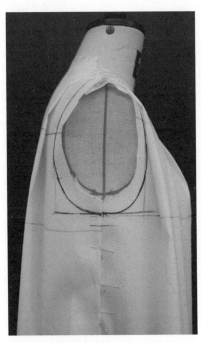

12. 别合肩线，将袖窿深向下开深2cm，画顺袖窿弧线。

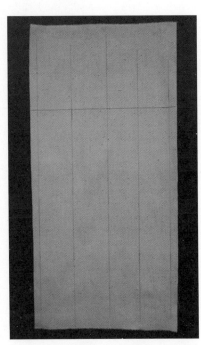

13. 准备袖子布料，根据效果图定出袖肥。

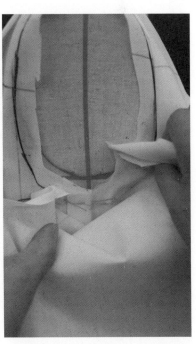

14. 将袖底缝与袖窿吻合，并用珠针别合固定。

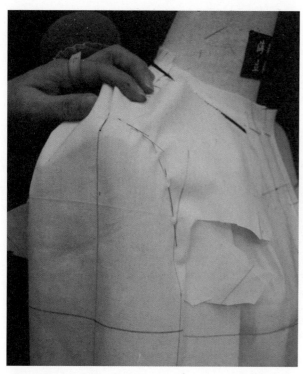

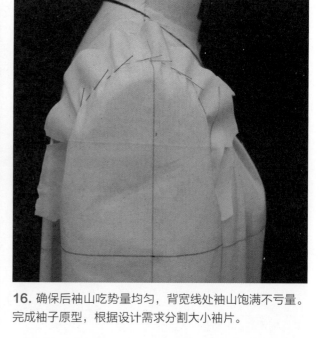

16. 确保后袖山吃势量均匀，背宽线处袖山饱满不亏量。完成袖子原型，根据设计需求分割大小袖片。

15. 观察袖子是否自然前倾，确定袖山高，确保前袖山的吃势量均匀。

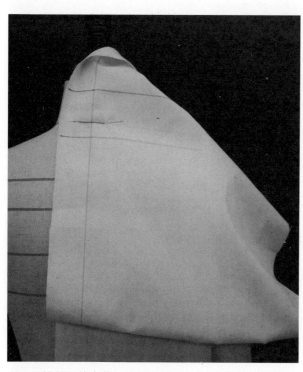

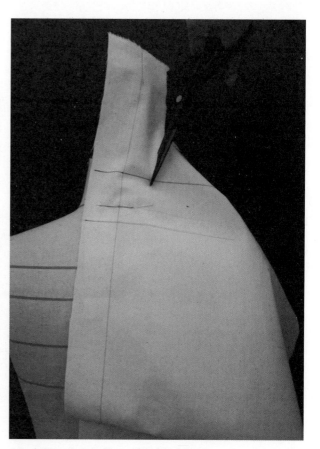

17. 开始领子的立裁。将坯布的后中心标记线与人台的后中线对齐。

18. 在领口上方打剪口，修剪多余布料。

19. 向肩颈点旋转布料，设定底领高。

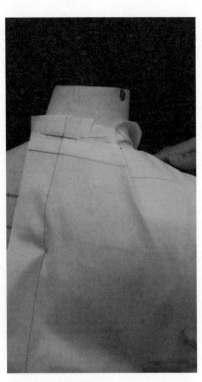

20. 将肩省转到领口，做一个褶，倒向肩缝。

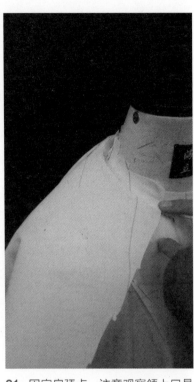

21. 固定肩颈点，注意观察领上口是否圆顺，并贴出肩线。

22. 固定肩颈点并打剪口。

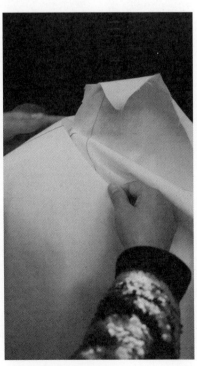

23. 将布料向前领深处旋转，确定底领高度与外领宽度。

24. 修剪多余布料。

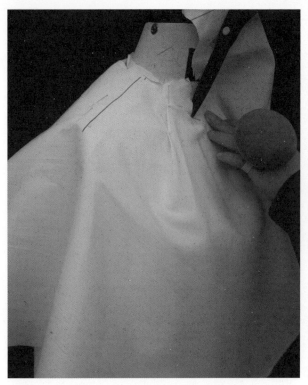

25. 将胸省量转到领口设定的褶位并用珠针固定。

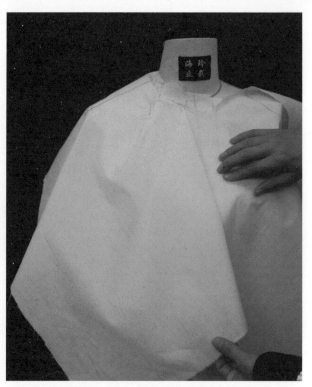

26. 确定荷叶边的位置，打剪口追加褶量。

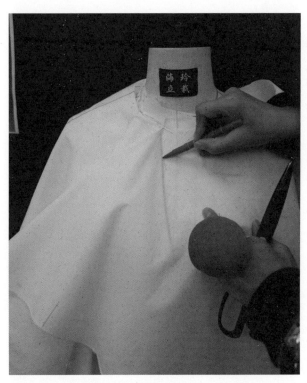

27. 向下旋转布料，做出波浪效果，并观察波浪大小。

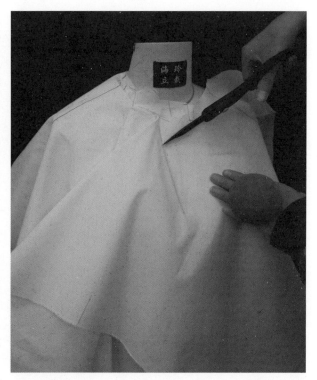

28. 抚平领口处的布纹，确定第二个荷叶边的位置，打剪口并追加褶量。

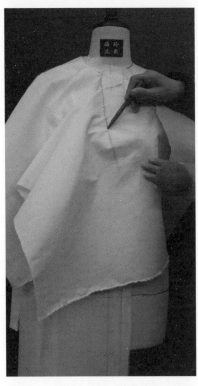

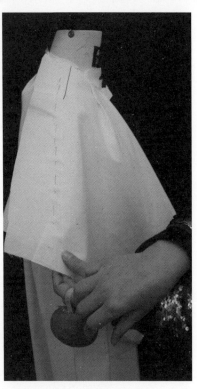

29. 向下旋转布料做波浪效果，抚平领口处的布纹，确定第三个荷叶边的位置。

30. 在领口打剪口追加褶量做波浪效果，并观察波浪大小。

31. 别合肩线，修剪多余布料。

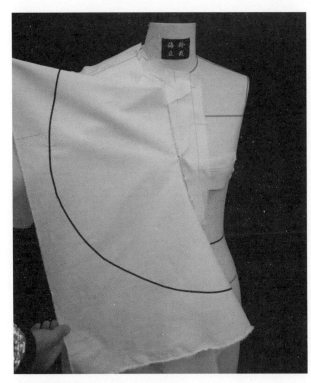

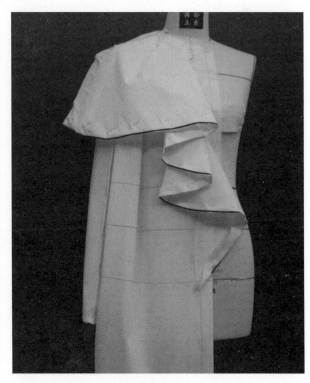

32. 根据效果图贴出荷叶边造型。

33. 别合缝份，完成基础效果。

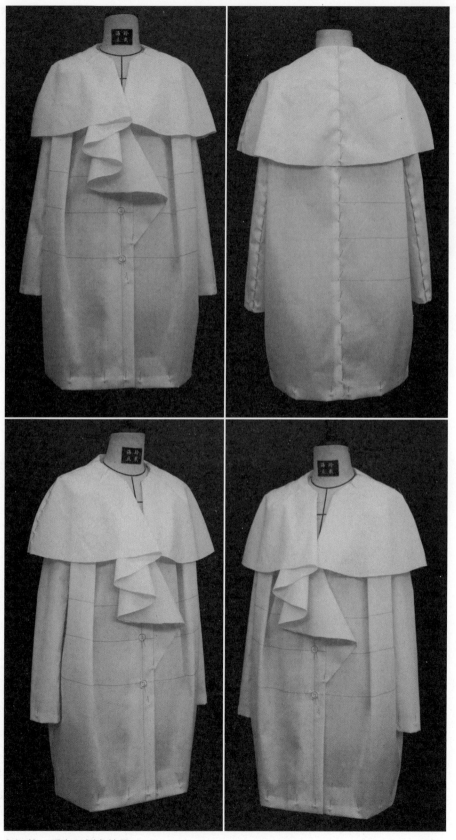

34. 前、后身和侧身效果。

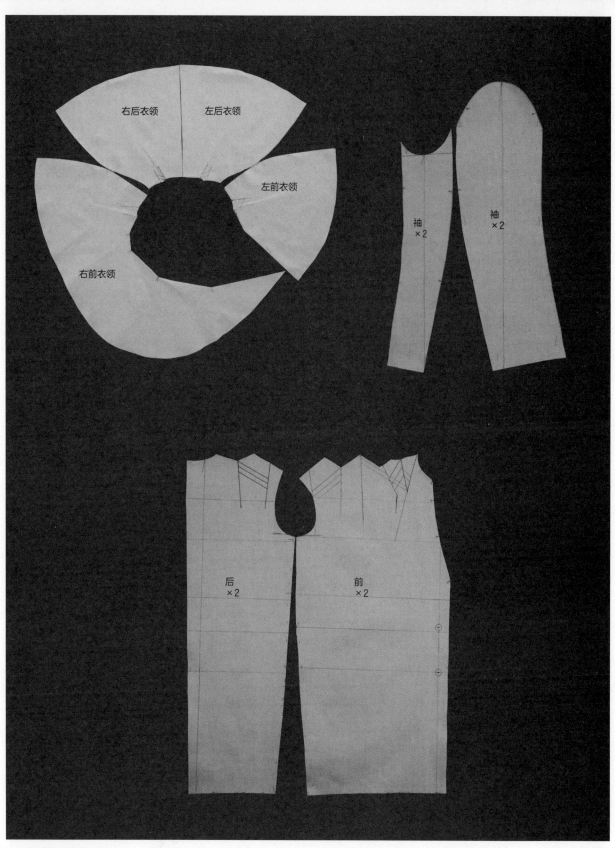

右后衣领
左后衣领
左前衣领
右前衣领
袖×2
袖×2
后×2
前×2

35. 最终样板【净版】。

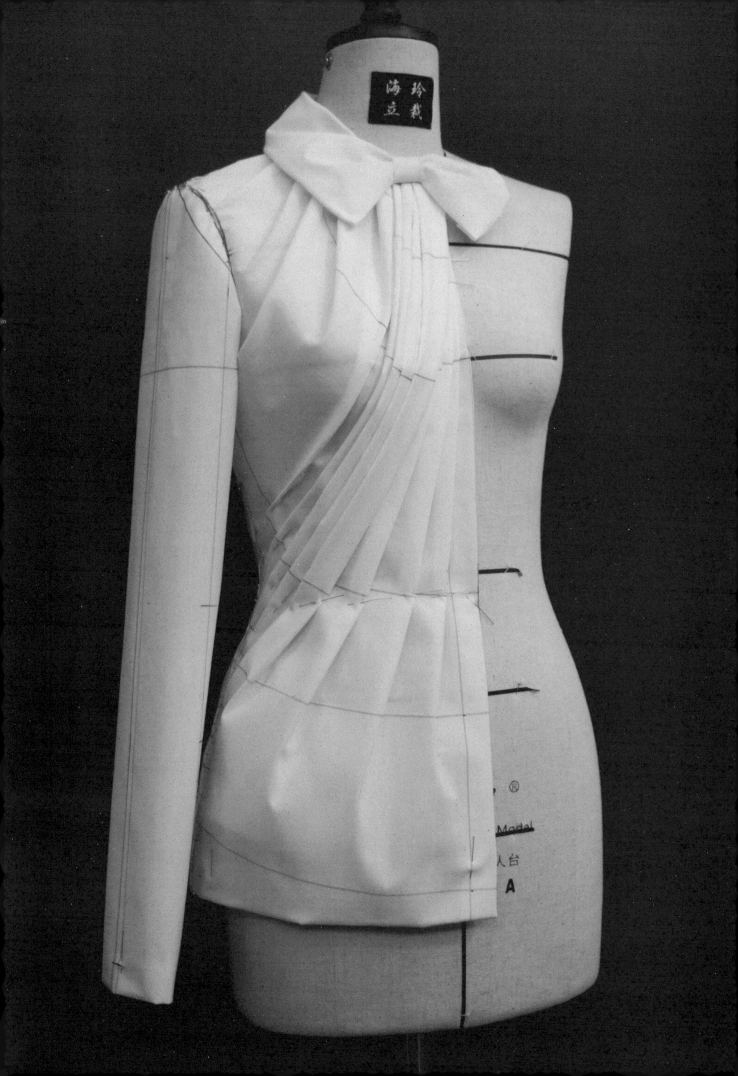

扫码付费
看操作过程视频

9 Givenchy
复古褶皱衬衫

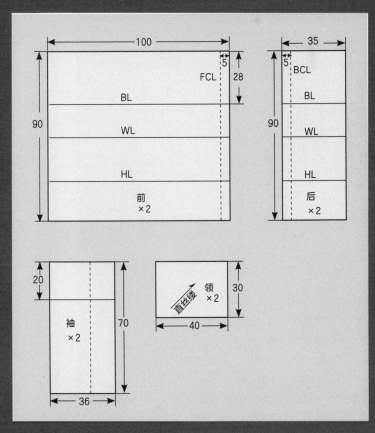

坯布准备

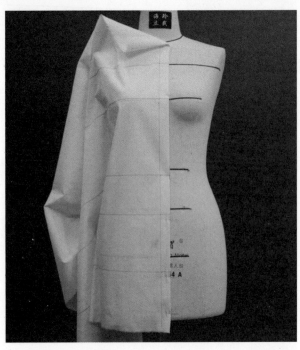

1. 将坯布的前中标记线与人台的前中线对齐，确保坯布的直丝缕垂直于地面，胸围线、腰围线、臀围线保持水平状态。

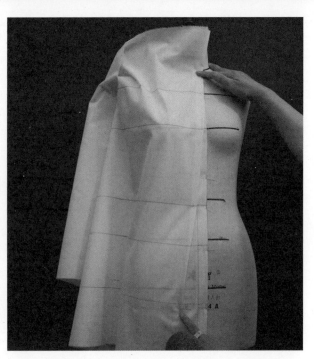

2. 将下摆布料向领口旋转，做第一个褶皱，倒向前中。

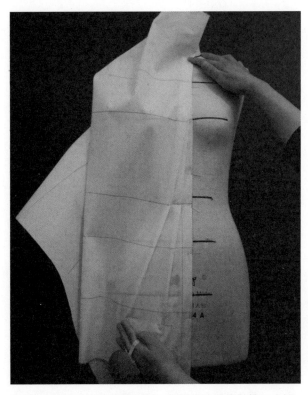

3. 继续向领口旋转下摆布料，根据设计褶位做第二个褶皱，倒向前中方向。

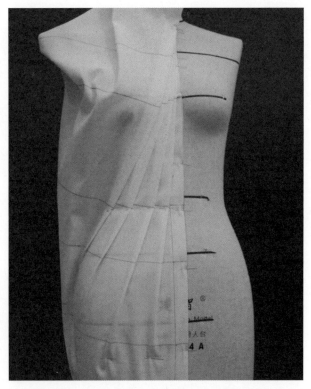

4. 重复步骤，继续根据设计褶位做第三和第四个褶皱，倒向前中方向。

5. 在侧缝处预留布料，修剪多余布料。

6. 继续向领口旋转布料，做第五个褶皱，倒向侧缝，重复步骤做第六个褶。

7. 将第六个褶及部分胸省量一起转入到领口。

8. 继续向领口旋转侧缝布料，做第七个褶。

9. 继续将部分胸省量一起转入领口。

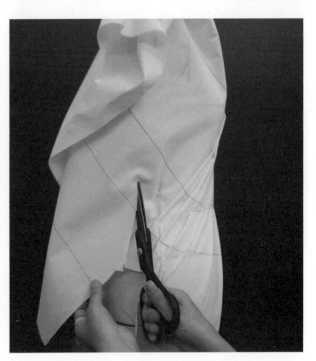

10. 修剪侧缝处的多余布料，抚平布纹。

11. 继续向领口旋转，做第八个褶，倒向侧缝。

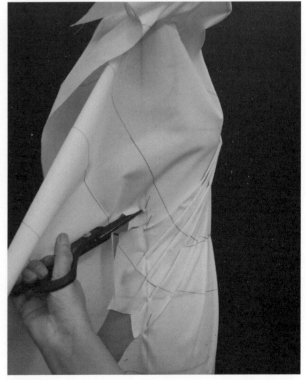

12. 根据褶位在侧缝处打剪口，做第九个褶，倒向前中线方向。

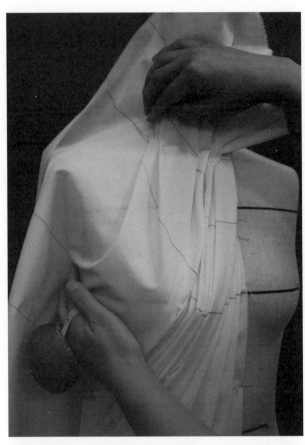

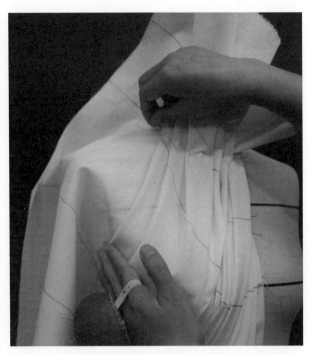

14. 继续向领口旋转袖窿布料，追加一个褶，倒向肩部。

13. 抚平布纹，用剩余的胸省量做第十个褶，倒向侧缝，将袖窿布料向领口旋转，追加一个褶，倒向肩部。

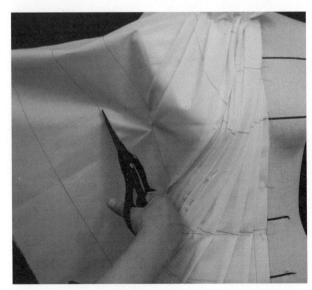

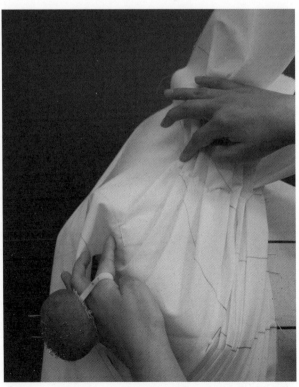

15. 修剪袖窿处的多余布料。

16. 抚平袖窿布纹，继续向领口旋转，追加一个褶，倒向肩部。

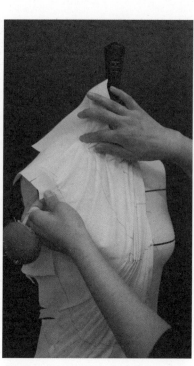

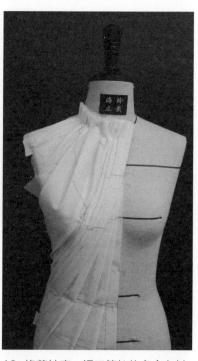

17. 修剪领口处的多余布料。

18. 再在袖窿处设计一个褶，打剪口追加褶量，倒向肩部。

19. 修剪袖窿、领口等处的多余布料。

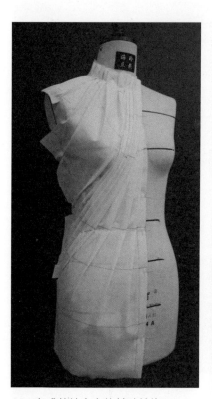

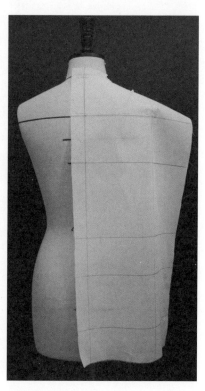

20. 完成前片衣身的基础结构。

21. 用标记带贴出侧缝线。

22. 确保后背宽线处于水平状态。

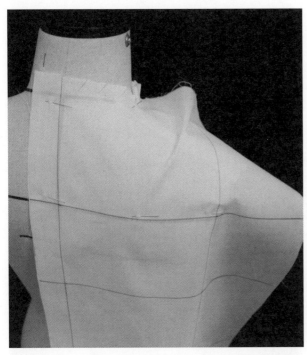

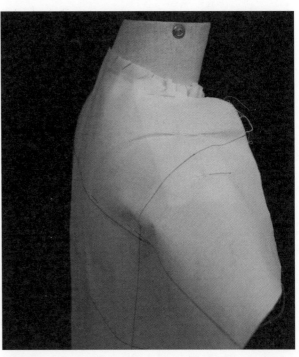

23. 抚平布纹，用珠针别合肩颈点，并在肩部预留吃势量。

24. 将肩省部分转至袖窿作为松量，用珠针别合固定肩点。

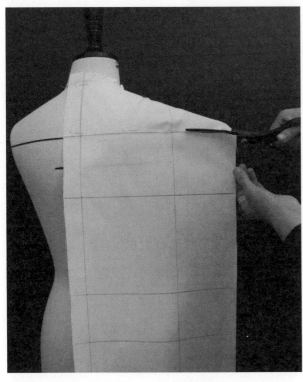

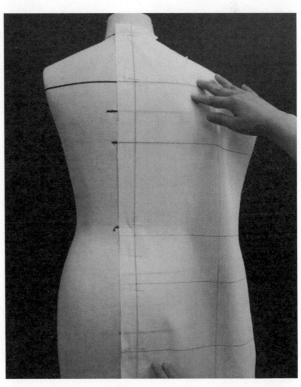

25. 在后背宽线上打剪口，直至距离袖窿弧线2cm左右。

26. 抚平背宽线以下的布料，使其处于直丝缕并垂直于地面。

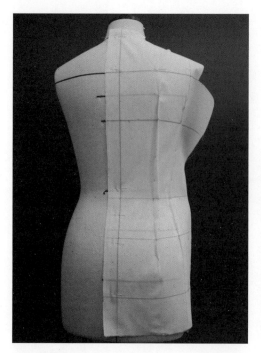

27. 根据收腰合体的版型特征，做两个胸腰省。

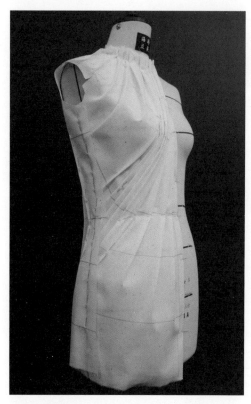

28. 在胸围线、腰围线、臀围线等处添加适当的放松量，再别合侧缝。

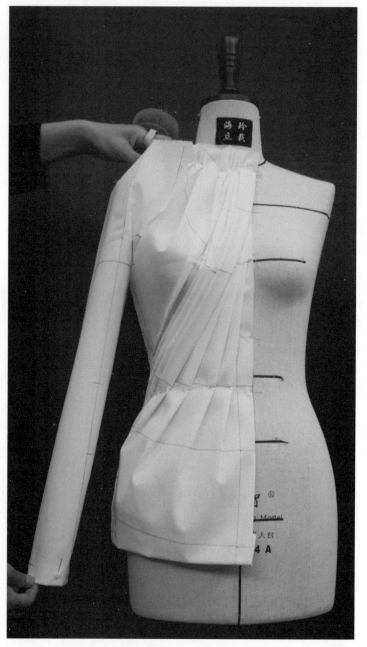

29. 将底边折净，画顺袖窿弧线，将袖窿深向下开深 2cm，设定袖肥，收袖口，别合袖底缝与袖窿，确定袖山高。

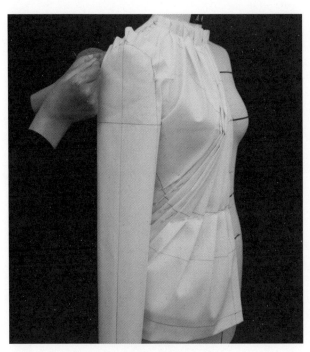

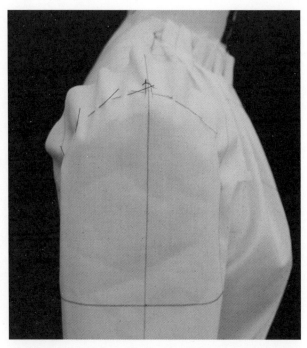

30. 自然形成袖子的吃势量，用珠针别合固定。

31. 确认袖山的吃势量，注意袖山吃势量在前后片分布均匀。

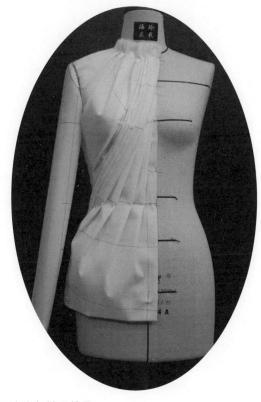

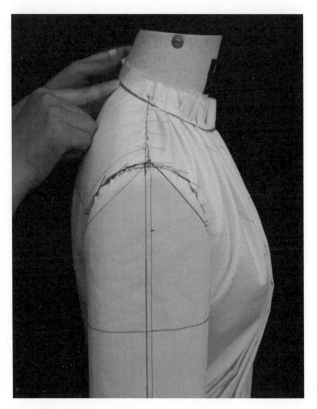

32. 衣身与袖子效果。

33. 用标记带标记出领口，领口应保持圆顺。

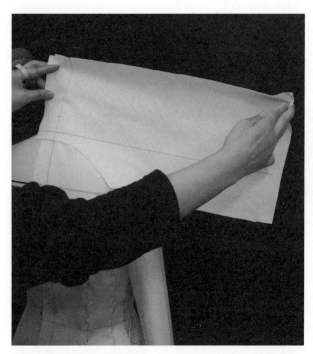

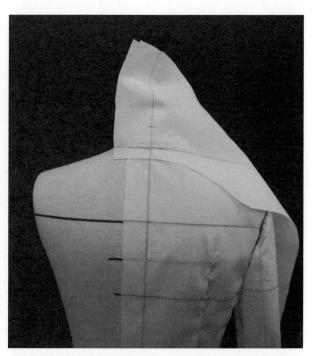

34. 将领子坯布的标记线交叉点与人台的后领深点对齐。

35. 用珠针固定别合后领深点，向肩颈点方向抚平布纹。

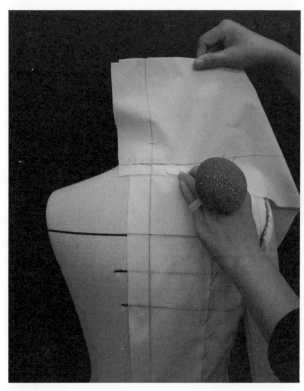

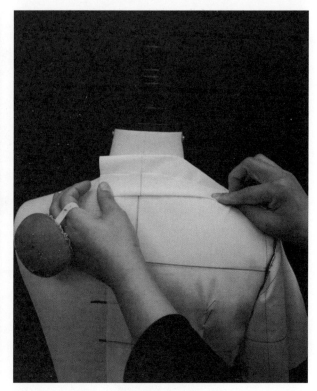

36. 打剪口后用珠针别合，观察后底领与领围的空隙量。

37. 确定底领高，然后确定外领的翻折量。

38. 向前旋转坯布至前领深处，将布料向上翻折设定外领宽，观察前底领与领围的空隙量是否合适。确认倒伏量，保持领口圆顺。

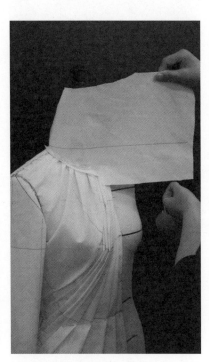

39. 做出登起量和倒伏量。

40. 检查领子倒伏量是否合适，上口是否圆顺。

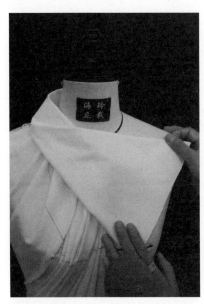

41. 在外领肩点处设置一个褶位，向前领深方向追加褶量。

42. 在外领再设置一个褶位，向前领深方向追加褶量。这个褶量应小于第一个，用标记带贴出外领宽度与角度。

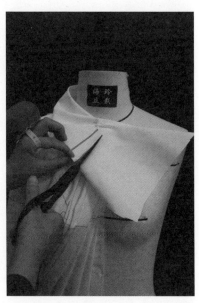

43. 用标记带确定右侧外领宽度与角度，修剪多余布料。

44. 用标记带贴出左侧外领角度。

45. 用标记带贴出左侧外领宽度，修剪多余布料。

46. 准备一条 5cm 宽的布条，将毛边向里折光，制成一个 2.5cm 宽的束带，用来做结。

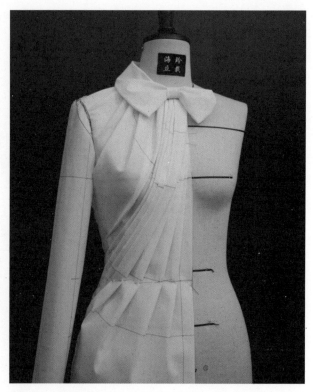

47. 将束带从领口深处绕过，固定蝴蝶结。

48. 完成蝴蝶结衣领（左半部分衣领立裁过程略）。

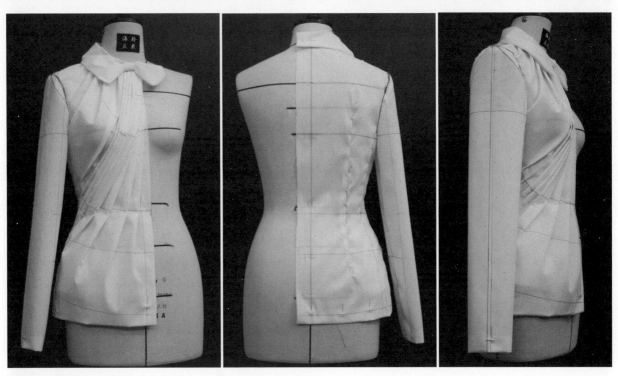

49. 前、后身及侧身效果。

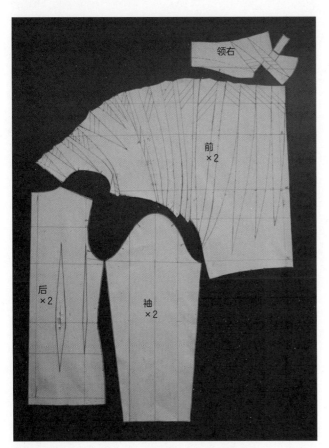

50. 最终样板【净版】（左半部分衣领样板略）。

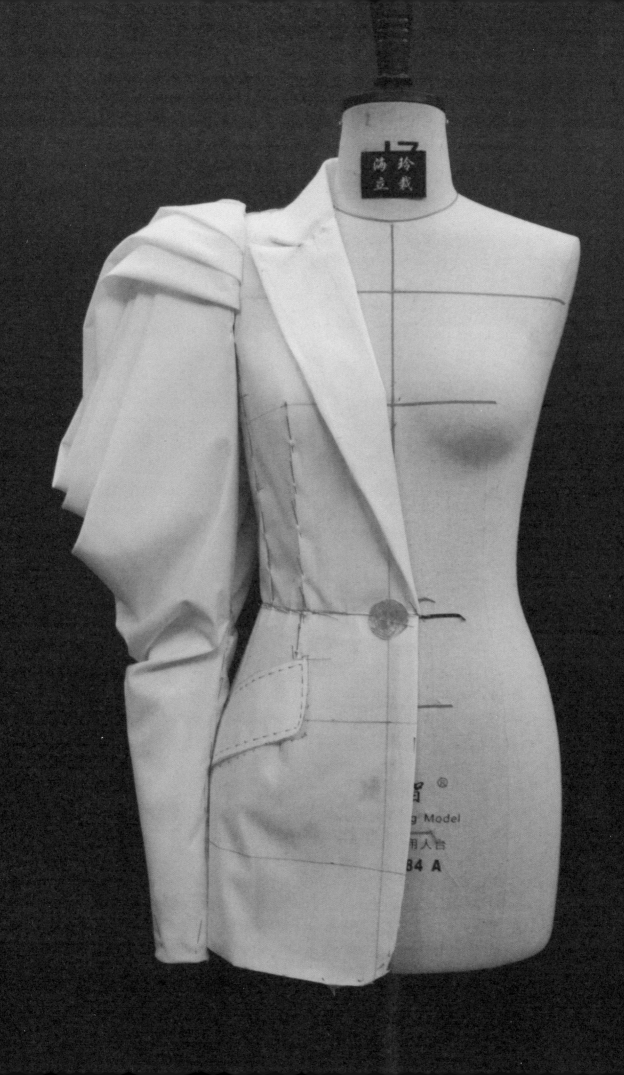

扫码付费
看操作过程视频

10 McQueen 花朵袖上衣

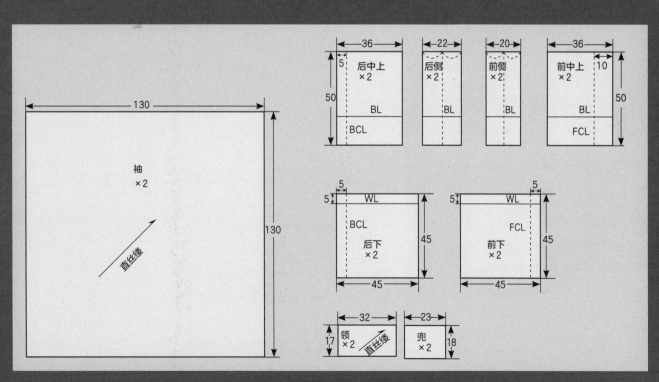

坯布准备

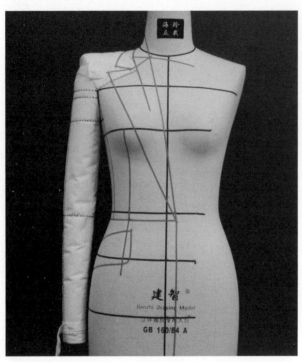

1. 用标记带在人台上贴出前片衣身设计分割线。

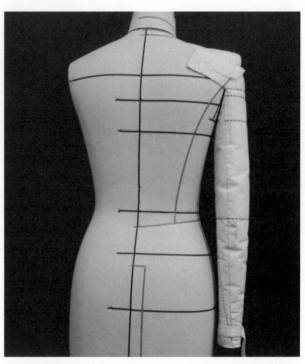

2. 根据版型设计，需要将衣身后中处的腰围线适当下落，在肩部加放垫肩。

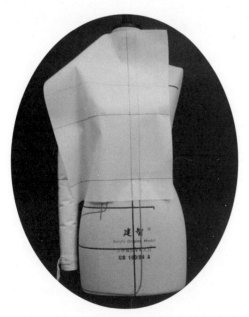

3. 将坯布上的前中标记线与人台的前中线对齐，确保前中线为直丝缕并垂直于地面，同时对齐坯布与人台的胸围线和腰围线。

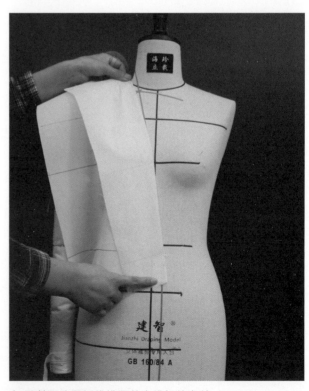

4. 顺着驳头翻折线推平前中线处的布纹。

5. 做领口省。

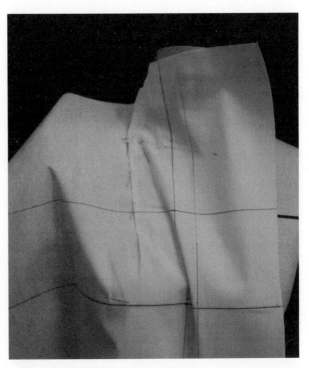

6. 用珠针别合领口省，注意省的长度。

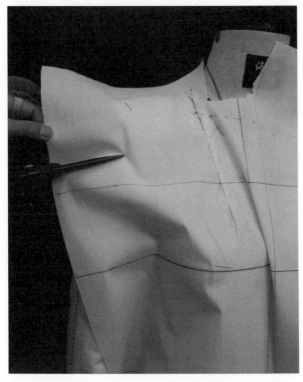

7. 在前胸宽线上方打剪口，修剪袖窿与肩部多余布料。

8. 向腋下旋转布料，抚平布纹。

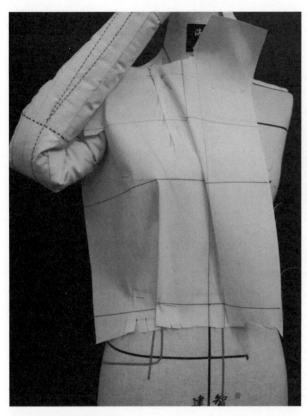

9. 将胸省量转至腰省。

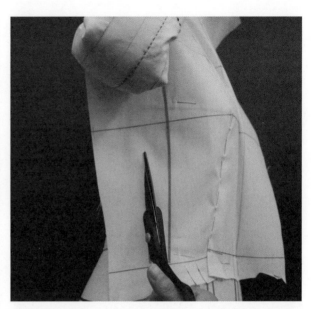

10. 用标记带标记出小刀背分割线，修剪多余布料。

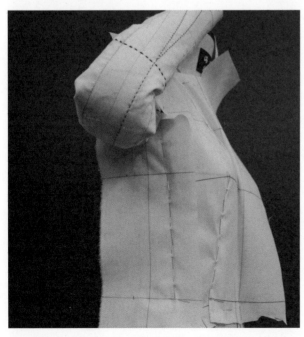

11. 确保侧片的直丝缕垂直于地面，自然形成收腰效果，用珠针别合小刀背。

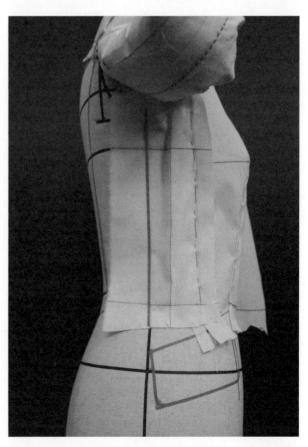

12. 在胸围线和腰围线处设置一定的放松量，用标记带贴出侧缝线。

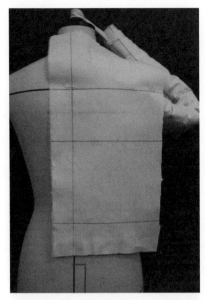

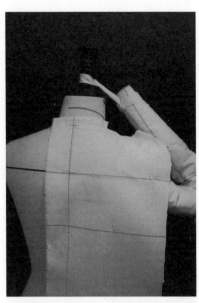

13. 将布料水平放置于人台，使其后背宽标记线与人台后背宽线对齐。

14. 顺着坯布的丝缕方向推平至肩颈点固定，修剪领口多余布料。

15. 固定肩点，用珠针别合后片肩线与前片肩线。

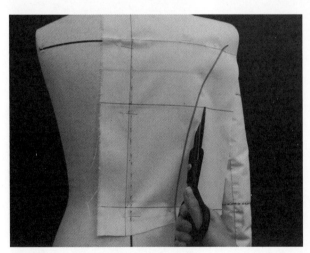

16. 将背宽线以下的余量转至后中线处，用标记带贴出刀背分割线，修剪多余布料。

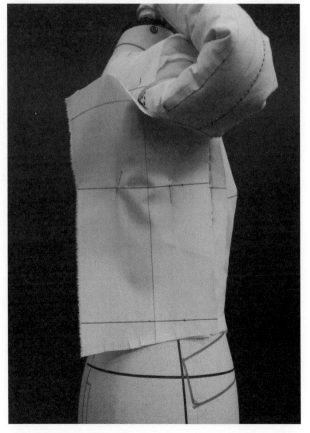

17. 确保侧片的直丝缕垂直于地面，固定胸围线。

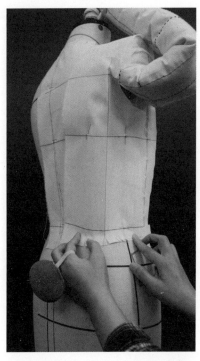

18. 做转折面，分别在胸围线和腰围线处设置放松量，根据直丝缕侧缝自然收腰。

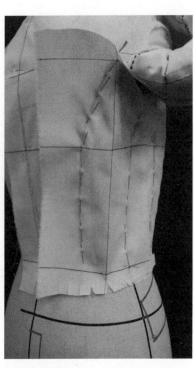

19. 用珠针别合刀背分割线和侧缝。

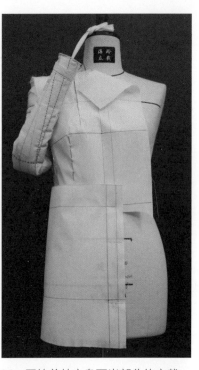

20. 开始前片衣身下半部分的立裁。使前中线垂直于地面，保持腰围线和臀围线处于水平状态。

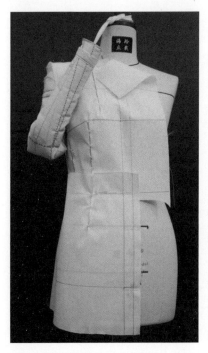

21. 在下半部分做一个收腰省，与上半部分的胸腰省位置对齐。

22. 将其余省量转到侧缝。

23. 将省量转到下摆，用标记带贴出侧缝线。

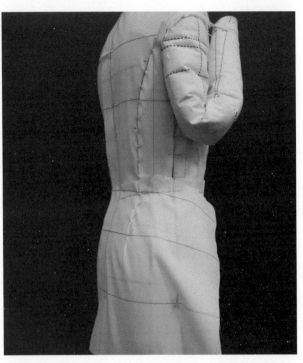

24. 开始后片衣身下半部分的立裁。使后中线垂直于地面，保持腰围线和臀围线处于水平状态。

25. 将省量转到下摆，别合前后侧缝线，修剪多余布料。

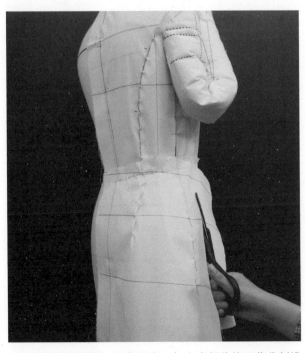

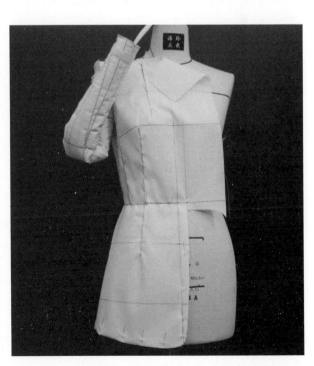

26. 在下半部分做一个收腰省，与上半部分的刀背分割线的位置对齐，将其余省量转到侧缝。

27. 将衣身下摆和叠门缝份别合干净，观察整体效果。

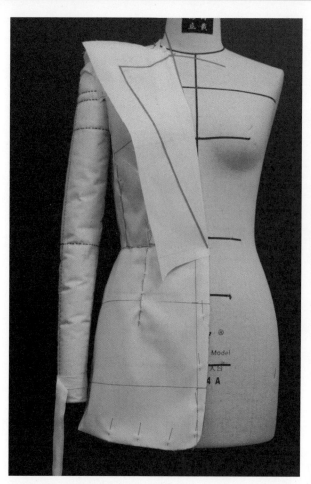

28. 开始驳头与衣领的立裁。翻折驳头止点，用标记带贴出驳头宽与串口线。

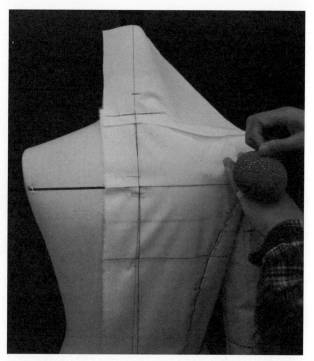

29. 将领片的后中心线与后片衣身的后中线对齐，后领深线保持水平状态，与后片衣身别合固定。

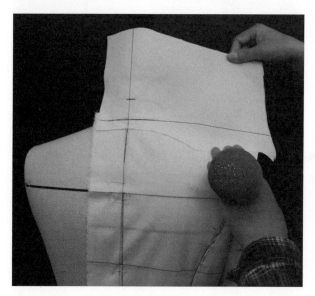

30. 打剪口，向肩颈点方向抚平布纹，观察后领与脖颈之间的空隙量。

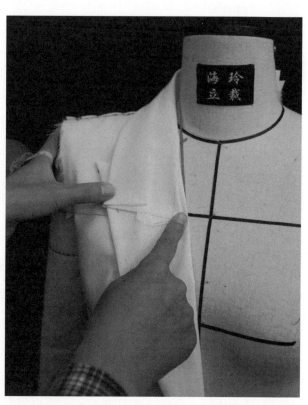

31. 使领子翻折线离开脖颈，设置一定的活动量，使其与驳头翻折线顺畅相连，确定倒伏量，根据领子造型别合。

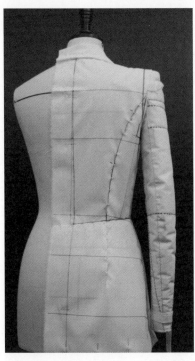

32. 从净袖窿深向下开深 2cm，画顺新的袖窿弧线，需要将小肩宽变窄。

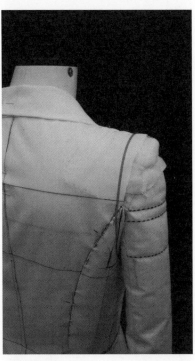

33. 观察后袖窿形状，弧线应平滑顺畅。

34. 观察前袖窿形状，弧线应平滑顺畅。

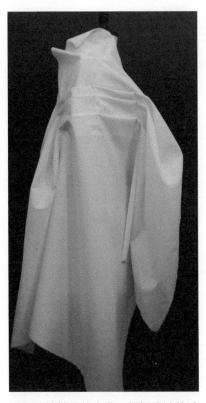

35. 开始袖子的立裁。根据设计的波浪临时固定布料，使波浪褶倒向肩点。

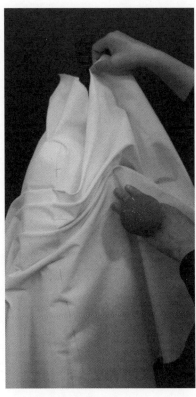

36. 向肩部旋转袖子前片第一个波浪褶，转好后用珠针固定。

37. 向肩部旋转袖子后片第一个波浪褶，转好后用珠针固定。

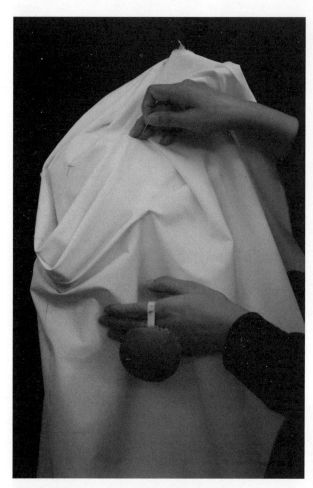

39. 再把后袖第二个波浪褶向肩部旋转固定。

38. 再把前袖第二个波浪褶向肩部旋转固定。

40. 继续向肩部旋转固定袖子前片的第三个波浪褶。

41. 继续向肩部旋转固定袖子后片的第三个波浪褶。

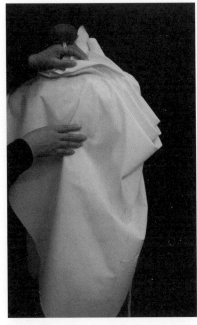

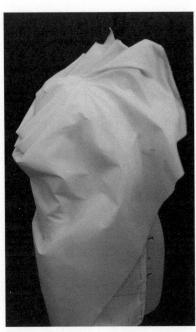

42. 抚平布纹，观察坯布的丝缕方向否顺畅。

43. 抚平布纹，坯布的丝缕方向否顺畅。

44. 将前片肘部向里收紧，用珠针别合固定。

45. 将后片肘部向里收紧，用珠针别合固定。

46. 抚平布纹，向下收紧袖口，得到袖底缝并且将其别合。

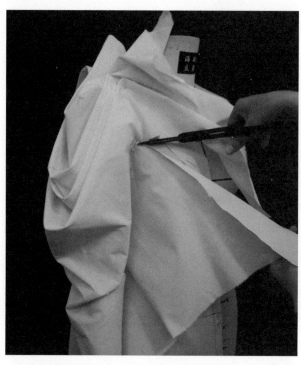

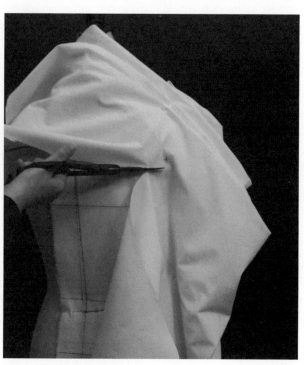

47. 在前胸宽线上打剪口，将布料旋转至腋下，根据袖窿弧线在前片袖底点影。

48. 自背宽线向下大概 2cm 处打剪口。

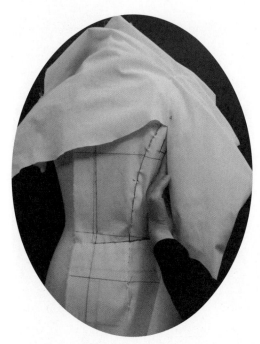

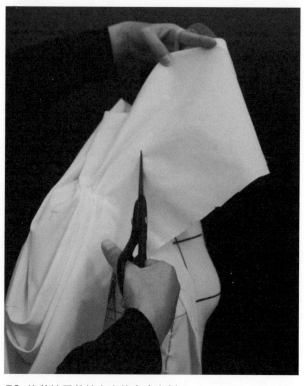

49. 将布料旋转到腋下，抚平后片袖底布料，根据袖窿弧线在后片袖底点影。

50. 修剪袖子前片上方的多余布料。

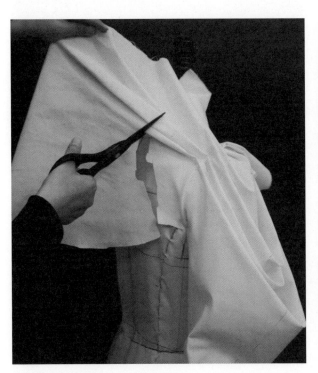

51. 修剪袖子后片上方的多余布料。

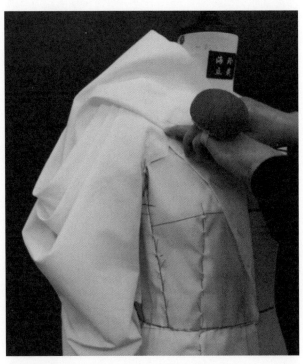

52. 将袖子肩部形成的褶量向前推至前胸宽处，做一个倒褶，盖住三个波浪褶。

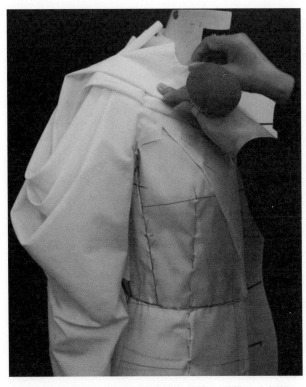

53. 将袖子肩部形成的余量继续向前推，做第二个倒褶，观察袖子前片所形成的倒褶的间距效果。

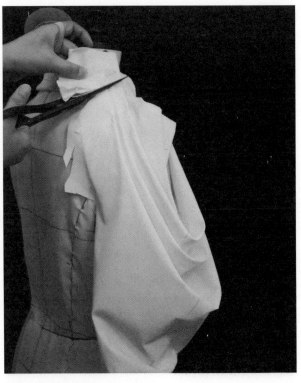

54. 修剪袖子后片的多余布料。

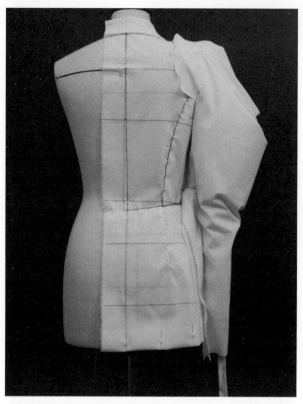

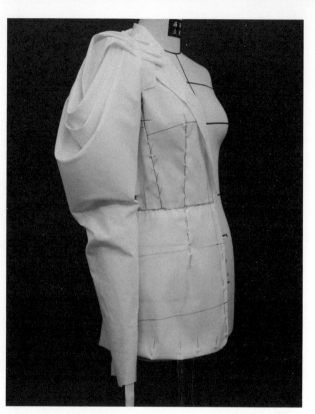

55. 仔细观察，调整褶的间距和角度，完成袖子的基本造型。

56. 侧片衣身基础效果。

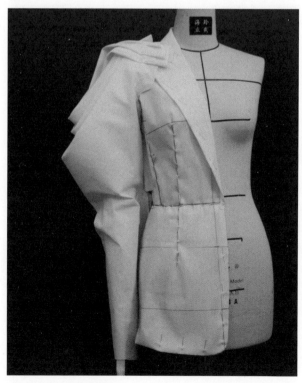

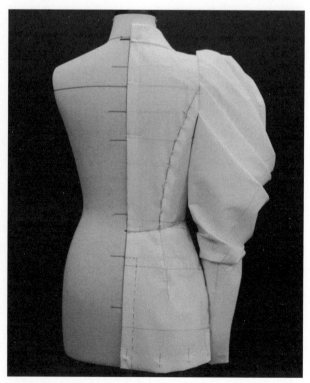

57. 前片衣身基础效果。

58. 点影，向内折合缝份，做出完成效果。

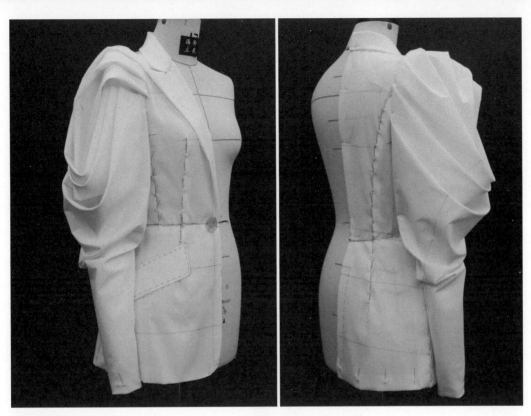

59. 前侧身、后侧身效果。

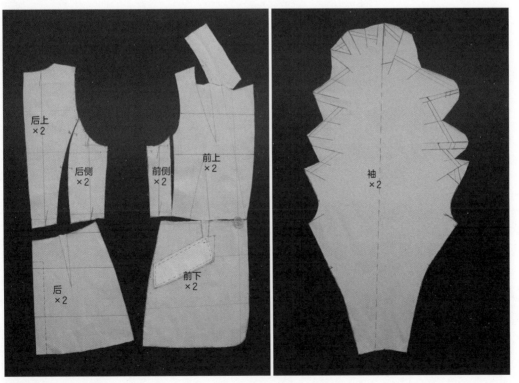

后上
×2

后侧
×2

前侧
×2

前上
×2

后
×2

前下
×2

袖
×2

60. 最终样板【净版】。

作者 2017 年中国服装创意造型技术作品展"最佳创艺奖"作品